JN064269

読み書きプレゼン

― よくわかるOffice2019・Microsoft365 ―

小川 浩／工藤 喜美枝／五月女 仁子／中谷 勇介 共著

ムイスリ出版

はしがき

　私たちがこのテキストの最初の版である『コンピュータ　困ったときに開く本』を出版した 2007 年から 14 年が経過しました。今年大学に入学した人の 14 年前といえば、多くの人は小学校にすら入っていない頃でしょう。この間に、大学生とコンピュータの関わりには大きく変わったことと、あまり変わっていないことがあります。大きく変わったことは、エンドユーザのコンピュータ環境であり、あまり変わっていないことは知的活動のツールとしてのコンピュータの利用法です。

　エンドユーザ環境を大きく変えたのは、インターネットとの高速常時接続です。インターネットを前提とした Microsoft365 のようなクラウドサービスを使うことは、現在ではごく当たり前のこととなっています。かつてはスタンドアロンでの運用や精々構内の LAN に接続する程度だったことを考えると、インターネットに接続さえしていれば作業をどこにいても続けられることは大きな進歩です。Office もこのような流れに沿っていろいろ機能を追加してきています。そのため、本書ではクラウドサービスへの対応が進んだ Office2019 と、Microsoft365 版の Office を使って説明しています。

　知的活動のツールとしてのコンピュータ利用について、私たちは**読み書きプレゼン**というキーコンセプトを 2007 年版から使い続けています。読み＝「データを整理して必要なことを読み取る」、書き＝「きちんとした文章で結果をまとめる」、プレゼン＝「結果を要領よくプレゼンテーションする」です。これらのスキルの重要性については、時代の変化によって減ずるどころか、むしろ増えています。

　いろいろな物がネットワークで接続されることにより、生のデータ量はどんどん増えています。そのため、このようなマイクロデータやビッグデータから要点を抽出する能力が求められています。人間の直観で把握できるデータはごくわずかですから、大量のデータをコンピュータの助けを借りて処理する能力、すなわち「読み」の重要性はかつてよりずっと大きくなっています。「書き」や「プレゼン」についても、大学での学修や社会に出てからの職業生活で必要なのはもちろんですが、エントリーシートやコミュニケーション能力を選考の要素として使う就職活動でも「自分の伝えたいことをきちんと言語化し、プレゼンできる」スキルは不可欠です。

　これが、私たちが知的活動のツールとしてのコンピュータの利用方法はあまり変わっていないと考えている理由です。

読み書きプレゼン

　上述の通り、本書では**読み書きプレゼン**をキーコンセプトとして採用しています。このコンセプトを実行する際に必要な要素には考え方・理論的な側面と、実際にコンピュータで作業をする実践的な側面の 2 つがありますが、本書では後者のコンピュータを使ってどうするか、という部分にフォーカスを当てて説明しています。具体的には、マイクロソフト Office に含まれる Word、Excel、PowerPoint を使って、やりたいことを、どうやってやるかを説明しています。つまり、ツールとしてどう使うかです。

　それでは理論的側面はどうするのか？ と思われるかもしれません。この問題については、理論的な側面は個別のアプリケーションの使い方とは独立に学ぶべきであると私たちは考えています。たとえば、レポートを書くという行為を考えた場合、資料を集め、論証を行い、文章化するという手順についての方法論は手書きだろうと Word だろうと大きくは変わりません。たしかに Word のアウトライン機能などを使えば文書の構成での試行錯誤が楽になるかもしれませんが、同様のことは 50 年以上前に書かれた梅棹忠夫の『知的生産の技術』で既に「こざね法」として提案されています。紙カードで並べ替えるか、Word の中で並べ替えるかの違いに過ぎないのです。このような汎用的な考え方を特定のアプリケーションに紐付けて説明することは筋が悪いと考えます。

　本書は大学の講義で使うことを前提として書かれていますので、考え方については講義で先生が説明することとして省略してあります。その代わり「やりたいことは分かっているのだけれど、このアプリケーションでどうやったらいいのかが分からない」というツールの使い方については、すぐ探せるようにタイトルなどを工夫しています。また、内容も電話帳のように分厚い自習書でありがちな「どの機能を使えばいいのかが分からない」という事態を避けるため、**読み書きプレゼン**に必要な範囲を意識して厳選してあります。そのため、教科書としての利用以外にも、ある程度以上長い文章を作成したり、さまざまなデータ分析を行ったり、説得力のあるプレゼンを行ったりしたい人すべてにとってハンドブックとして十分役立つと考えています。

　なお、本書は全体企画、はしがきが小川、Excel 編が五月女、PowerPoint 編が中谷、Word 編が工藤で分担執筆しています。

2021 年 2 月

著者を代表して　小川　浩

Contents

Office

Power Point

Office

Chapter 0
Office とは何か

0-1 Office とは何か

パソコンでデータ処理・文書作成・プレゼン資料を作成するためのアプリケーションソフト

(1) Office を使う意義

　現在、さまざまな情報を処理するのに、コンピュータを利用することが当たり前になっています。その情報を処理するアプリケーションソフトとして、Microsoft 社の Access・Excel・PowerPoint・Word などがあり、Microsoft Office と総称しています。

　現在、多くの大学や企業でもこのアプリケーションソフトを利用しています。これらのソフトの画面表示や操作性は似通っており、一度習得すると、コンピュータの環境が変わったり、ソフトのバージョンが変わったりしても問題なく操作できるようになります。

(2) よく使われる Office ソフト

　Office ソフトの中でもよく使われているのが、Excel・PowerPoint・Word です。

【Excel】

　表計算ソフトとも呼ばれ、数値データの処理を行ったり、グラフによる分析を行ったりします。大量のデータを処理できます。

【PowerPoint】

　プレゼンテーションを行う際に、進行に役立てたり、視覚的に訴えたりできます。プレゼンテーションの配布資料としてもよく使われます。

【Word】

　文書を作成するのに適しており、ビジネス文書のほか、レポートや論文作成に威力を発揮します。チラシやポスターなども作成できます。

　これらのソフトは、今や使えて当然の時代になっていますが、大切なのは、単に使えることではなくて、どのようなときにどのような目的で利用するのかをはっきりさせて利用できることです。本来の用途以外に使うことは、有効活用しているように見えて、実はかえって無駄が多くなるものです。目的に合ったアプリケーションソフトを使用することで、効率的に有益な情報処理が可能となります。

　本書では、この 3 つのアプリケーションソフトの機能や利用方法などを解説します。

0-2 Microsoft365 と Office2019

操作性・機能の似ている Office アプリケーションソフトの種類

(1) Office の種類

　Microsoft 社が提供する Office には、パッケージ版、プレインストール版、サブスクリプション版、ストアアプリ版、デスクトップ版、といった多くの種類があります。ここでは、最新の機能を提供しているサブスクリプション型の「Microsoft365」と、永続使用ができ様々な種類のある「Office2019」について説明します。

(2) Microsoft365 と Office2019 における機能

　Microsoft365 と Office2019 においては、Excel・PowerPoint・Word とも、基本的な機能の違いはありません。ほとんど同じ操作で使うことができます。リボン名やコマンドのアイコンが異なっていることがありますが、特に気にせず使えます。

(3) アップデートにおける留意点

　インターネットに接続されたパソコンでは、ふつう自動アップデートされます。もちろん自動を解除して手動でアップデートすることもできます。アップデートでは、不具合の修正により使い勝手が向上します。

　Microsoft365 では、不具合の修正・機能の変更のほか、新しい機能が追加されます。そのためリボンに新しいグループが作成されたり、新しいボタンが追加されたりします。

　Office2019 では、アプリに関する不具合の修正が中心で、新しい機能が追加されることはありません。ただ、それまでの機能を変更することはあるので、コマンド名が変更されたりボタンのアイコンが変更されたりすることがあります。

(4) アプリのアイコン

　アプリのアイコンは Microsoft365 も Office2019 もほぼ同じです。
　Excel のアイコン（図 0-1）は緑系の色、PowerPoint のアイコン（図 0-2）は濃いオレンジ系の色、Word のアイコン（図 0-3）は青系の色です。

図 0-1

図 0-2

図 0-3

0-3 Microsoft365 と Office2019 の見た目の比較

リボンのタブやボタンが少し異なる

Microsoft365 と Office2019 とでは、見た目にはそれほど違いはありませんが、画面上部のリボンのタブの表示色が異なります。また、ボタンの位置やアイコンが少し異なることもあります。

(1) リボンの比較

Microsoft365 では、タブ名の行がグレーで、選択しているタブの名称に下線が引かれています（図 0-4）。

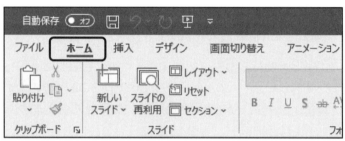

図 0-4

Office2019 では、タブ名の行がタイトルバーと同じ色で、選択しているタブの色がグレーです（図 0-5）。

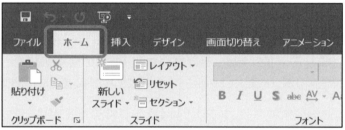

図 0-5

(2) タブ名の違い

Microsoft365 では、対象のタブ名になっており、文字色がアプリケーションの色（Excel は緑色、PowerPoint はオレンジ色、Word は青色）と同じです（図 0-6）。

Office2019 では、[○○ツール]という表示があります（図 0-7）。

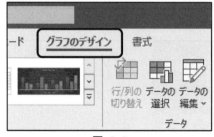

図 0-6

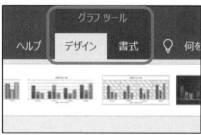

図 0-7

Office

Chapter 1
Office の基本操作

1 起動と終了

【スタートボタン】から起動　【閉じるボタン】で終了

(1) 起動する

① ［スタート］ボタン－［アプリ名］をクリックします（図 1-1）。

② 新規の左端のアイコンをクリックすると、新規画面が表示されて使用できるようになります（図 1-2）。

図 1-1

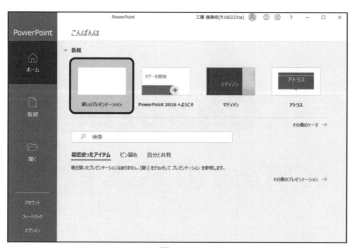

図 1-2

※【ショートカットの作成】［アプリ名］をデスクトップにドラッグすると、ショートカットが作成されてデスクトップから簡単に起動することができるので便利です。

※【ピン留め】アイコンを右クリックして［スタートにピン留めする］をクリックすると、［スタート］ボタンをクリックしたときにタイルにアプリのアイコンが表示されます。また、［その他］－［タスクバーにピン留めする］をクリックすると、タスクバーにアプリのアイコンが表示されて簡単に起動できるようになります。

(2) 終了する

① タイトルバー右端の［閉じる］ボタン ✕ をクリックします。

※ Alt キー＋ F4 キーを押しても閉じることができます。

2 画面構成

編集領域を除くと、Office の画面は共通

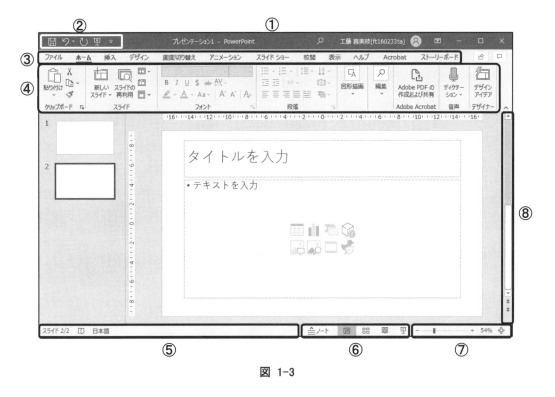

図 1-3

① タイトルバー ： そのファイルのタイトルが表示され、右には最小化・最大化/元に戻す・閉じるボタンがあります。

② クイックアクセスツールバー ： よく使うボタンが配置されています。

③ タブ ： リボンを切り替えるための見出しです。

④ リボン ： グループ別にコマンドボタンが配置されています。ウィンドウサイズによって、ボタンの大きさが変わったり、複数のボタンがまとめられたりします。

⑤ ステータスバー ： その画面の基本的な事項が表示されます。

⑥ 表示切り替えボタン ： 画面表示モードを変更することができます。

⑦ ズーム ： [ズームスライダー] を左右にドラッグするか、 や のボタンをクリックすると、画面が拡大/縮小されます。%表示をクリックすると、任意に指定することもできます。

⑧ スクロールバー ： 画面に表示しきれない部分を表示します。

3 Backstage ビュー

ファイルに対する確認・操作やオプションなどを起動

(1) Backstage ビューの表示

① ［ファイル］タブをクリックします。

② ウィンドウ全体に Backstage ビューが表示されます（図 1-4）。

左側の領域で［開く］・［情報］・［保存］・［印刷］などのファイルに関する操作をクリックすると、右側の領域でその詳細が表示されます。

［オプション］をクリックすると、オプションダイアログボックスが表示されて、設定が行えます。

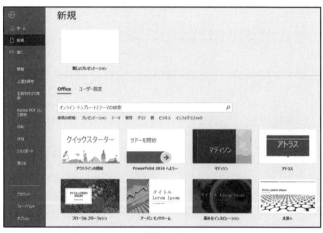

図 1-4

(2) Backstage ビューを閉じる には

① 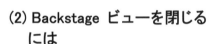 をクリックします。 Esc キーを押しても元の画面に戻ります。

Column バージョン情報

［アカウント］をクリックすると、バージョン情報が表示されます。す（図 1-5）。

プログラムの更新があった場合、ここにはバージョン番号とアプリの種類（Microsoft Store かクイック実行）が表示されます。

図 1-5

4　クイックアクセスツールバーとリボン

操作に使うコマンドボタンが配置

（1）クイックアクセスツールバー

①　クイックアクセスツールバー右端
のボタンをクリックすると、よく使うボタ
ンを追加できます。
［新規作成］・［開く］・［印刷プレビュー
と印刷］などを追加しておくと便利です
（図 1-6）。

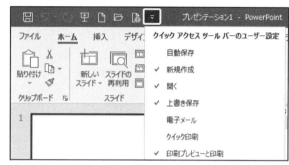

※　リボンのコマンドボタンを右クリッ
クすると、直接クイックアクセスツール
バーに追加できます。

図　1-6

（2）リボン

①　リボンに配置されているコマンドボタ
ンは、ウィンドウサイズによって、表示が
変化します。**2 画面構成**の図1-3と図1-
7とを比較すると、よくわかります。

②　作業領域を広く使いたいときは、タイ
トルバーにある［リボンの表示オプショ
ン］をクリックすると、表示方法を選択で
きます（図 1-8）。非表示にしても、画面
上部をクリックするとリボンが表示されま
す。

図　1-7

③　タブをダブルクリックしても、リボンの表示/非
表示の切り替えができます。

※　使用している環境などにより、コマンドボタン
　　の表示が本書と異なっていることもあります。

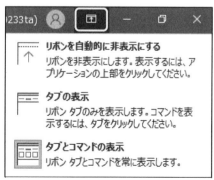

図　1-8

5　ファイルの開き方

(A)【ファイル】▶【新規】または【開く】、(B)クイックアクセスツールバーに追加したボタン、(C)ショートカットキー

(1) 新規ファイルを開くには

① 次のどの方法でも、構いません。すぐに新規のファイルが表示されます。
　(A)[ファイル]タブ－[新規]で、[新規]の空白のものをクリックします。さまざまなテンプレートを選ぶこともできます。
　(B)クイックアクセスツールバーに追加した[新規作成]ボタンをクリックします。
　(C) Ctrl キー＋ N キーを押します。New の【N】と覚えます。

(2) 既存のファイルを開くには

① 次のどの方法でも、構いません。
　(A)[ファイル]タブ－[開く]で、[参照]をクリックします（図 1-9）。[OneDrive]も選択できます。
　(B)クイックアクセスツールバーに追加した[開く]ボタンをクリックします。
　(C) Ctrl キー＋ F12 キーを押します。

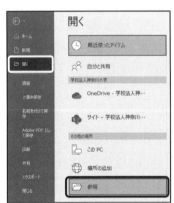

図 1-9

② [ファイルを開く]ダイアログボックスで、保存先を確認し、ファイルを選択して、[開く]をクリックします（図 1-10）。ファイル名をダブルクリックしても開けます。

(3) 最近使ったファイルを開くには

① [ファイル]タブをクリックして Backstage ビューを表示させると、[最近使ったアイテム]が表示されるので選びます。

図 1-10

② 常に表示しておきたいときは、ファイルをポイントし、ピン留めのボタンをクリックします（図 1-11）。これで、いつでもピン留めに表示されます。解除するには、再度ピン留めのボタンをクリックします。

図 1-11

6   ファイルの保存と終了

（A）【ファイル】▶【名前を付けて保存】、（B）クイックアクセスツールバーの上書きボタンで保存、（C）ショートカットキーで保存   【閉じる】ボタンで終了

(1) 新規に保存するには

① 次のどちらの方法でも、構いません。
（A）[ファイル]タブー[名前を付けて保存]から、[参照]をクリックします（図 1-12）。
（B） F12 キーを押します。

② [名前を付けて保存]ダイアログボックスで、保存先を指定し、名前を入力して、[保存]ボタンをクリックします（図 1-13）。

※ [参照]をクリックせずに、OneDrive などに保存することもできます。

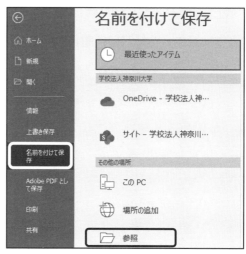

図 1-12

(2) 上書き保存するには

① クイックアクセスツールバーの[上書き保存]ボタンをクリックするか、 Ctrl キー＋ S キーを押します。Save の【S】と覚えます。

図 1-13

(3) 終了するには

① タイトルバー右の[閉じる]ボタン ✕ をクリックします。

② 保存するか聞かれて保存するときは、▼から場所を選択して保存します（図 1-14）。[その他のオプション]をクリックすると、図 1-13 と同じダイアログボックスが表示されます。

※ Alt キー＋ F4 キーでも閉じることができます。

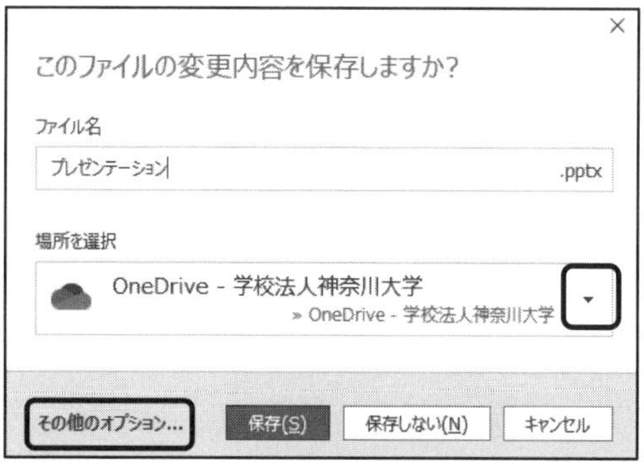

図 1-14

7　ファイルの印刷

（A）【ファイル】▶【印刷】、（B）クイックアクセスツールバーに追加したボタン、（C）ショートカットキー

(1) 印刷プレビューの確認

どんなファイルでも必ず印刷プレビューを確認してから印刷しましょう（図 1-15）。

① 次のどの方法でも、構いません。

(A)［ファイル］タブ －［印刷］をクリックします。

(B)クイックアクセスツールバーに追加した［印刷プレビューと印刷］ボタンをクリックします。

(C) Ctrl キー＋ P キーを押します。Print の【P】と覚えます。

② 印刷の Backstage ビューーが表示されます。はじめに、図 1-15 の①で、プリンターを確認します。

③ 右側の印刷プレビューで確認しながら、図の②で必要な設定を行います。

④ ほかのページを確認するには図の③で、印刷プレビューを拡大縮小するには図の④で行います。

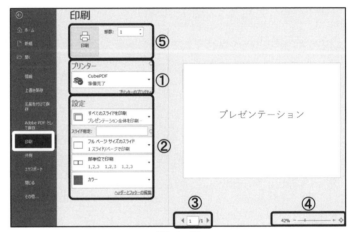

図 1-15

(2) 印刷を実行するには

① 図の⑤で枚数を指定し、［印刷］ボタンをクリックします。

(3) 印刷プレビューを閉じるには

① ← をクリックするか、 Esc キーを押します。

※ ウィンドウ右上の［閉じる］ボタン ✕ をクリックすると、ファイルが閉じられてしまうので注意してください。

8   文字書式の変更

【ホーム】▶【フォント】または【段落】にあるボタンか、ミニツールバー

(1)［ホーム］タブにあるボタンを利用するには

① 文字列（Excel ではセル）を選択し、［ホーム］タブの［フォント］グループや［段落］（Excel では［配置］）グループから、必要なボタンをクリックします（図 1-16）。

図 1-16

② 詳細な設定や、まとめて設定したい場合は、グループ名の右端にあるダイアログボックス起動ツール 🔲 をクリックします。グループのダイアログボックスが表示されるので、必要な設定を行います。

(2) ミニツールバーを利用するには

① 文字列（Excel ではセル）を選択します。

② 右上にミニツールバーが表示されます（図 1-17）。Excel では、右クリックすると表示されます。

図 1-17

※ マウスを他のところに移動すると、ミニツールバーが表示されなくなることがあります。その際は、右クリックするか、再度選択し直すと表示されます。

(3) 書式を解除するには

① ［フォント］グループにある［すべての書式をクリア］ボタン 🔲 をクリックします。Excel では、［ホーム］タブの［クリア］－［書式のクリア］をクリックします。

Column 既定のフォント「游ゴシック」「游明朝」について

既定のフォントは、游ゴシック・游明朝になっています。このフォントが使いにくい場合は、従来の MS ゴシック・MS 明朝などを使うとよいでしょう。

9 コピーの方法

(A)【ホーム】▶【クリップボード】、(B)右クリック、(C)ショートカットキー

(1) 文字をコピーするには

① 文字列（Excel ではセル）を選択し、次のどれかを実行します。

図 1-18

(A)[ホーム]タブ[クリップボード]の[コピー]ボタンをクリックします（図 1-18①）。

(B)右クリックして[コピー]を選択します。

(C) Ctrl キー＋ C キーを押します。

② 貼り付け先にカーソルを置き、次のどれかを実行します。

(A)[ホーム]タブの[貼り付け▼]ボタンをクリックして（図1-18②）、貼り付けのオプションボタンをポイントすると（図 1-19）、リアルタイムプレビューが表示されます。貼り付け結果を確認しながら目的に合ったボタンをクリックします。

図 1-19

(B)右クリックして表示されたオプションボタンから選びます（図 1-20）。

(C) Ctrl キー＋ C キーで、(B)と同様に選びます。

(2) 書式をコピーするには

① 文字（Excel ではセル）を選択し、[ホーム]タブの[書式のコピー/貼り付け]ボタンをクリックします（図1-18③）。

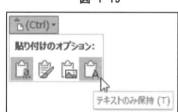
図 1-20

② マウスポインター 🖌 を確認し、コピー先をドラッグします。Excel では 🔧🖌 を確認し、コピー先のセルをクリックまたはドラッグします。

※ [書式のコピー/貼り付け]ボタンをダブルクリックすると、書式のコピーを連続して行うことができます。解除するには、同じボタンをクリックするか、 Esc キーを押します。

(3) 以前のコピーを利用するには

① あらかじめ（図 1-18④）のアイコンをクリックしておくと、すぐ下に[クリップボード]作業ウィンドウが表示され、以前のデータを利用することができます（図 1-21）。

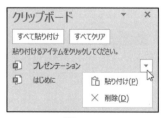
図 1-21

PowerPoint

Chapter 0
よいプレゼンテーションのために

0-1 よいプレゼンテーションをするために

スライドのダイエットとオーディエンスとのコミュニケーション

　プレゼンテーションを成功させるためにはどのようなことを考えるとよいでしょうか。スライドをどう作るかというテクニックの前に、そもそもプレゼンテーションとは何なのかを考えてみましょう。

(1) スライドのダイエット

　大学の講義でも PowerPoint を使って授業をする先生が多くを占めるようになりました。大学に入学して先生の講義を見て「PowerPoint はこう使うものか」と思った人も中にはいるかもしれません。しかしながら、大学の先生が使う PowerPoint の使い方は「プレゼンテーション」の観点から見ると少々違和感を覚えます。むしろ「反面教師」として参考にすべきだと考えられます。

　それはなぜでしょう。ほとんどの教員に共通する良くない点として「スライドに文字が多すぎる」ということが挙げられます。「プレゼンテーション」はあくまでも自分の考えていることを相手にわかりやすく伝えることが重要です。そしてその補助ツールとして使うのが PowerPoint です。はたして講義で先生が見せるスライドはその役割を果たしているでしょうか。

　その鍵となるのがスライドに詰め込まれた情報量です。人によっては「視力検査かな」と思ってしまうほどの文字量をスライドに書き込んでいます。このとき聴衆（受講生）は「スライドを読むのに精一杯で内容が理解できない」と感じています。授業中の作業としては、①先生の話を聞いて理解する、②スライドを読んで理解する、③重要な点をノートにメモをするという 3 つが考えられますが、スライドに情報量が多すぎると作業がオーバーフローしかねません。近年ではスライドをスマホのカメラで撮影するという荒技を試みる学生もいますが、結局家に帰ってそれを見て復習をするかといえばそうでないことがほとんどだと考えられます。なぜなら「撮影して満足」してしまうからです。ひょっとすると「つまらない授業」は「つまらないスライド」が原因の一つなのかもしれません。

　そこで、プレゼンテーションを行う際に心がけたいこととして「スライドのシェイプアップ」を提案したいと思います。つまり「ぱっと見てぱっとわかる」スライドを作ることです。その具体的なアイデアとして①文字を極限まで減らす、②図形の多用、③構成を考えてみます。

● 文字を減らす

　文章をそのまま箇条書きに延々と書く人がいますがもう少し工夫をすれば、重要な単語のみや体言止めを使うことで内容が表せることが多くあります。単語なら目に入った情報がすぐ頭で理解できますが、文章となると一度頭で整理して理解するという余計なステップが入りますので内容の理解に時間がかかります。どうしても伝えたい情報量が多ければ、スライドに表示するのではなく「配付資料」として別に作成して配布すべきです。

● 図形の活用

　PowerPoint では図形を描くことができます。矢印だけでなく矢印の形をした図形やさまざまな形の図形があります。論理構成を 1 枚のスライドで表すとき、図形を描いてそこに文字（単語）を書き込み、それを配置してはどうでしょう。「ぱっと見てぱっとわかる」スライドになるでしょう。

● 構成

　「よくわからないスライド」の原因としてプレゼンテーションをする本人自身がよくわかっていないケースがあります。論理立ててスライドを構成していないのです。このようなスライドを見ても聴衆は「この人は何を言いたいのだろう・・・」となってしまいます。1 つのプレゼンテーションはある「言いたいこと」について書かれています。そのプレゼンテーションは複数のスライドで構成されています。その各スライド同士はその「言いたいこと」を結論として言うために論理的に繋がっています。スライドを作成するときには、いわば話の流れがわかるように考えながらスライドを構成するとわかりやすいスライドになります。

(2) オーディエンスとのコミュニケーションを考える

　ゼミの発表や就活でのインターンシップなどにおいては PowerPoint を使ってプレゼンテーションをする機会も格段に増えるでしょう。よくありがちな学生のパターンとしては「このプレゼンは失敗したくない」という想いが強すぎてプレゼンテーションで話す内容をノートやスマホに目一杯メモをしてそれを読み上げるというケースです。失敗したくないという気持ちはわかりますが、メモの棒読みで本当に聴衆の心へと内容が伝わっているのでしょうか。

　もし音読する必要があるのなら録音をして自動で流せば良いのです。PowerPoint にはナレーションを入れる機能があり、自動でプレゼンテーションを実行できます。この場合、プレゼンテーションをする人は不要になりますね。つまり、わざわざ人間が人の前に立ってプレゼンテーションをするという意味は、発表者と聴衆がプレゼンテーションを通じてコミュニケーションを行うということなのです。はたして発表メモを音読する発表者と聴衆との間にコミュニケーションが成立しているでしょうか。発表者からの一方通行でしかありませんね。

　プレゼンテーションが一方通行でなくコミュニケーションであると考えれば、発表者が心がけるべきことは聴衆の存在です。そうすればおのずと「どうしたら聴衆は理解してくれるか」「今、聴衆は私の言いたいことを理解してくれているだろうか」という気持ちになるはずです。そんな気持ちになれば発表者が注目する視線は手元のメモではなく聴衆の方向ですね。スライドにきちんと論理構成ができており、このスライドでは何を言いたい（言わなければいけない）かが理解できていればほとんどメモを見る必要もなくなるはずです。

　良いプレゼンテーションをしたい人は、有名な世界の経営者のプレゼンテーションを動画で調べてみてください。例えば、Apple の創業者であった故スティーブ・ジョブズ氏のプレゼンテーションは彼のワクワク感が聴衆に伝わるプレゼンです。しかし奇をてらったことをしているわけでなく非常にシンプルで「わかりやすいプレゼン」なのです。プレゼンテーションは聴衆とのコミュニケーションであり、ホスピタリティの心を持ってスライドの作成とプレゼンテーションを行うとより伝わるプレゼンテーションとなるのではないでしょうか。

PowerPoint

Chapter 1
スライドの作成

1　PowerPoint の画面

画面に特徴があります

(1) PowerPoint の画面

　PowerPoint のファイルを開く、もしくは新規作成を行うと画面のようなスライドを作成する画面になります（図 1-1）。プレゼンテーションを行うときは［スライドショー］を実行します。

① 　中央の大きな部分は［スライド］ペインと呼び、スライドを編集する領域となります（図 1-1 ①）。

② 　スライドに文字を入力したり、グラフや表などを入力したりするための領域をプレースホルダーと呼びます（図 1-1 ②）。

③ 　各スライドのサムネイルが順番に表示されます（図 1-1 ③）。

図 1-1

④ 　画面の表示モードをステータスバーの右下のアイコンから切り替えることも可能です（図 1-1 ④）。

⑤ 　右下のズームスライダーでスライドの表示サイズを変更できます（図 1-2）。

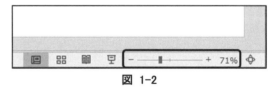

図 1-2

2　スライドの挿入

【ホーム】▶【スライド】▶【新しいスライド】

(1) 位置を指定してスライドを挿入するには

① 追加したいスライドのサムネイルを選択します（図 1-3 ①）。

② 新しく挿入されるスライドの位置は、選択したスライドの次の位置です。

③ ［新しいスライド］ボタンをクリックします（図 1-3 ②）。

④ ［タイトルとコンテンツ］のスライドが新しく追加されます。

図 1-3

(2) スライドのレイアウトを選んで挿入するには

① ［ホーム］タブ－［新しいスライド］の▼ボタンをクリックします（図 1-4）。

② スライドのレイアウトの種類が選択できます（図 1-5）。たとえば、白紙やタイトルのみのスライドを追加したいときに利用します。スライドのレイアウトについては「**3 スライドのレイアウト変更**」も参考にしてください。

図 1-4

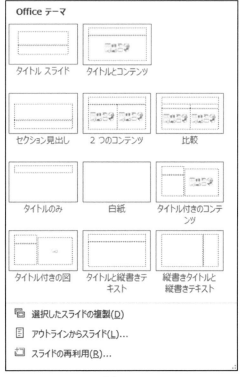

図 1-5

3　スライドのレイアウト変更

【ホーム】▶【スライド】▶【レイアウト】

（1）レイアウトを変更するには

　この例では、2枚目のスライドを「タイトルとコンテンツ」のレイアウトから「2つのコンテンツ」のレイアウトに変更します。

① 変更したいスライドを、左側の[スライド]タブからクリックします（図 1-6 ①）。

② [ホーム]タブ－[スライド]グループ－[レイアウト]ボタンをクリックします（図 1-6 ②）。一覧の中から[2つのコンテンツ]を選びます（図 1-7）。

③ 新しいレイアウトになりました（図 1-8）。

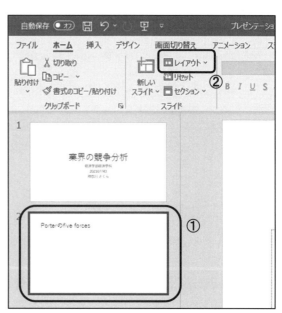

図 1-6

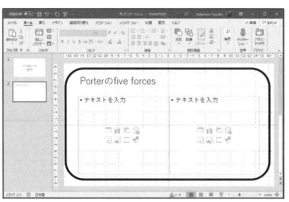

図 1-8

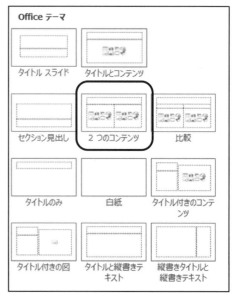

図 1-7

4　スライドの削除

【サムネイル】▶ Delete キーもしくは Backspace キーで削除

（1）スライドを削除するには

① 削除したいスライドのサムネイルをクリックして選択します（図 1-9）。

② Delete キーもしくは Backspace キーを押します。右クリックメニューから[スライドの削除(D)]を選択しても削除が可能です（図 1-10）。

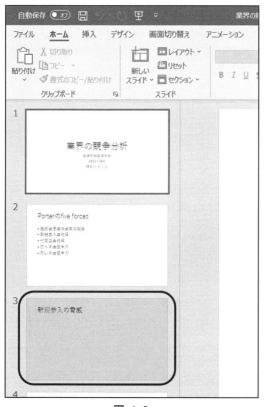

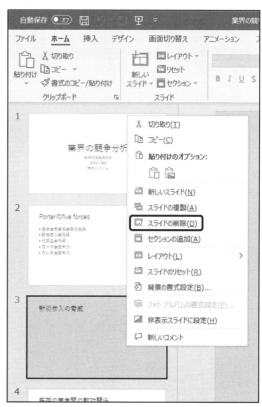

図 1-9　　　　　　　　　　　　　　　　　　　図 1-10

Column　スライドを一覧表示する

　左側のサムネイルでは、スライドの枚数が多くなった場合に位置がとらえにくくなります。そんなときは、スライドを一覧で表示させる機能を使いましょう。[表示]タブ－[プレゼンテーションの表示]グループ－[スライド一覧]ボタンをクリックしてください。元に戻すには同じタブ内にある[標準]ボタンをクリックします。

5　スライドの移動

【サムネイル】▶ スライドを選択してドラッグ＆ドロップ

(1) スライドの移動をするには

①　移動するスライドのサムネイルでクリックして選択します（図 1-11）。

②　移動したいスライドの位置まで、マウスでサムネイル上をドラッグしていきます。

③　自動で順番が変わりますので、移動したいスライドの下までスライドをドロップしてください（図 1-12）。

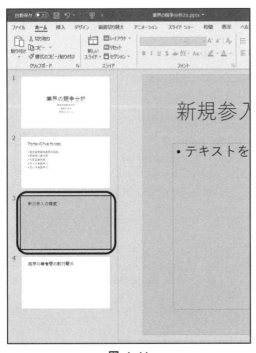

図 1-11

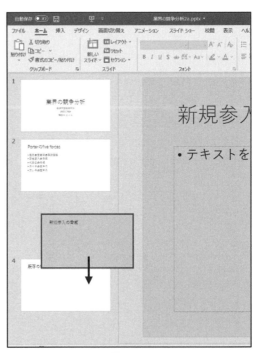

図 1-12

Column　複数のスライドの選択

　複数のファイルを削除するとき、1 枚 1 枚のスライドをサムネイルから選択していたのでは効率がよくありません。連続したスライド、たとえば 2 枚目から 4 枚目までのといった 3 枚のスライドを選択したい場合、 Shift キーを押しながらそれぞれをクリックしましょう。また、飛び飛びになって離れているスライド、2 枚目と 5 枚目などという場合では、 Shift キーの代わりに Ctrl キーを押しながらクリックしてください。

PowerPoint

Chapter 2
入力と編集

6   プレースホルダーのサイズと位置変更

プレースホルダーの枠をクリックしてから変更

(1) サイズ変更や移動のできる状態

　プレースホルダーをクリックします。プレースホルダー内でカーソルが点滅している状態ではサイズ変更や移動ができません。プレースホルダーに入力可能な状態ではプレースホルダーが細かな点線で表示されています。このときプレースホルダーの枠をクリックするか、または F2 キーを押すとプレースホルダーが選択された状態になります。

(2) サイズの変更

　①　プレースホルダーの枠にある、〇の部分をクリックします（図 2-1）。

　②　プレースホルダーの枠線が変化したら、変えたいサイズにマウスでドラッグします。

(3) 位置の変更

　①　プレースホルダーの枠にある、〇以外の部分をクリックしてマウスでドラッグします。

図 2-1

　②　同じく位置を移動させるには、プレースホルダーをクリックしてキーボードの矢印キーを使うことでも可能です。

Column　プレースホルダーの削除

　プレースホルダーを選択して Del キーを押します。プレースホルダーを選択するときは、プレースホルダーの中をクリックしてしまうとプレースホルダーのテキストを編集するモードになってしまいます。選択をする際はプレースホルダーの枠線をクリックすることに注意しましょう。

7　文字書式の変更

【ホーム】▶【フォント】

(1) フォントや色を変えるには

①　変更したいプレースホルダー内の文字をドラッグして反転させます（図 2-2 ①）。

②　[ホーム]タブ－[フォント]グループ－[フォント]または[フォントの色]を変更します（図 2-2 ②）。

図 2-2

(2) 細かく変更するには

①　もっと細かく変更することも可能です。[ホーム]タブ－[フォント]グループ－🔲ボタンをクリックします（図 2-3）。

②　[フォント]ダイアログボックスからは下付き文字など詳細な設定が可能です（図 2-4）。

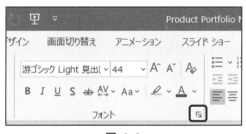

図 2-3

図 2-4

8　箇条書きのレベル変更

行頭で Tab キー

(1) 箇条書きのレベルを変えるには

① Enter キーを押すと同じレベルの箇条書きの行頭記号が出てきます（図 2-5）。

② 行頭記号の次の位置にカーソルを持っていき、Tab キーを押します。

③ レベルが変わります（図 2-6）。

※ ［ホーム］タブ－［段落］グループ－［インデントを増やす］ボタンをクリックしても可能です（図 2-7）。

④ 行頭記号の次の位置にカーソルを持っていき、Shift ＋ Tab キーで元のレベルに戻ります。同様に［インデントを減らす］ボタンをクリックしても可能です。

図 2-5

図 2-6

図 2-7

Column　箇条書きで行頭文字を付けずに改行する

　箇条書きでは Enter キーを押すと行頭文字が自動で現れます。行頭の文字を出さずに改行したいときもあるでしょう。このとき Enter キーではなく、Shift ＋ Enter キーで行頭文字のない改行ができます。

9 箇条書きの行頭文字変更

【ホーム】▶【段落】▶【箇条書き】

(1) 箇条書きの種類を選ぶには

① 変更したいプレースホルダーの枠をクリックして選択します(図 2-8 ①)。

② [ホーム]タブ－[段落]グループ－[箇条書き]ボタンの▼をクリックします(図 2-8 ②)。

③ 一覧の中から変更したいものを選んでクリックします(図 2-10)。

(2) 特定の行のみの変更

特定の行のみ記号を変更することも可能です。 Ctrl キーを押しながらプレースホルダー内の変更したい行を選択して反転させておきます。[ホーム]タブ－[段落]グループ－[箇条書き]ボタンの▼をクリックして[チェックマークの行頭文字]を選びます(図 2-9)。選択した行のみが変更されました。

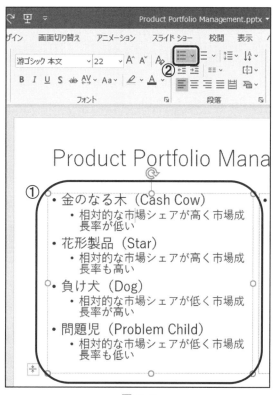

図 2-8

図 2-10

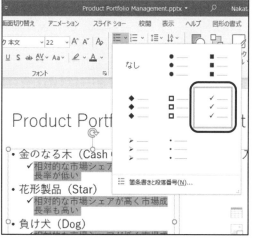

図 2-9

10　行間の変更

【ホーム】▶【段落】▶【行間】

(1) 行間を変更するには

① プレースホルダー内の行間を変更したい行をクリックします（図 2-11）。ここでは 3 行目の「花形製品（Star）」の行の上に行間スペースを空けたいと思います。

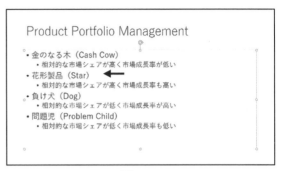

図 2-11

② [ホーム]タブ－[段落]グループ－[行間]ボタンをクリックします（図 2-12）。

③ 行間をいくつにするかメニューが出るので大きさを指定します。ここでは[2.0]を選びます（図 2-13）。行間が 2 行に広がり、読みやすくなりました（図 2-14）。

(2) 行間を細かく設定するには

[行間]ボタンをクリックすると、一番下に[行間のオプション]があります。これをクリックすると[段落]ダイアログボックスが立ち上がり、細かく指定できます（図 2-15）。

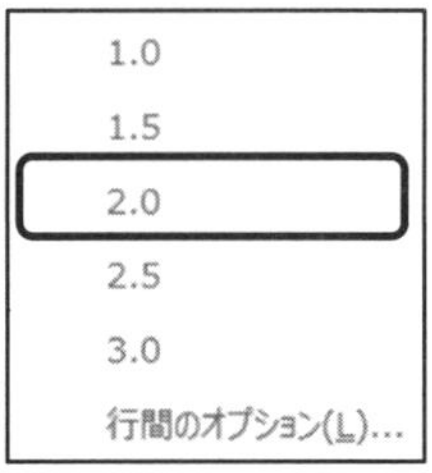

図 2-12

```
1.0
1.5
2.0
2.5
3.0
行間のオプション(L)...
```

図 2-13

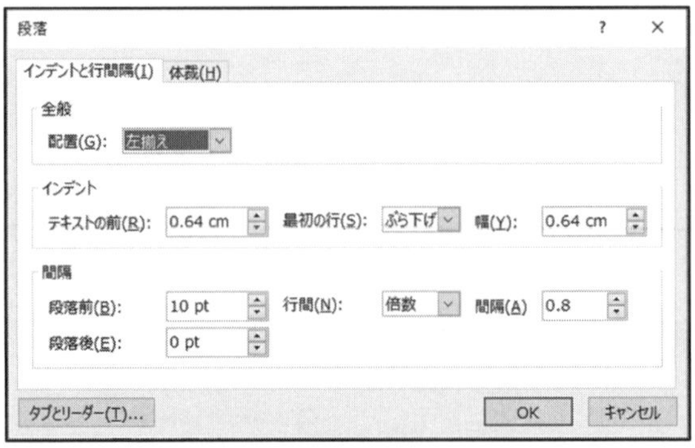

段落　　　　　　　　　　　　　　　　　　？　×

インデントと行間隔(I)　体裁(H)

全般
　配置(G): 左揃え

インデント
　テキストの前(R): 0.64 cm　最初の行(S): ぶら下げ　幅(Y): 0.64 cm

間隔
　段落前(B): 10 pt　行間(N): 倍数　間隔(A) 0.8
　段落後(E): 0 pt

タブとリーダー(T)...　　　　　　　　　OK　キャンセル

図 2-15

図 2-14

11　任意の場所への文字入力

【挿入】▶【テキスト】▶【テキストボックス】

(1) 好きな位置に文字を入力するには

①　[挿入]タブー[テキスト]グループー[テキストボックス]ボタンをクリックします(図2-16)。ここでは[横書きテキスト ボックスの描画]を選択しました。

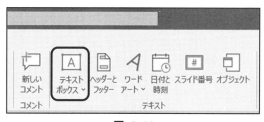

図 2-16

②　スライド上の文字を入力したい位置でクリックすると、テキストボックスが作成されます(図 2-17)。

③　[ホーム]タブー[フォント]グループー[フォント サイズ]からフォントのサイズを変更したあとにキーボードから文字入力します。

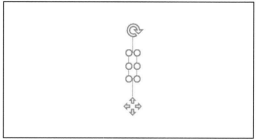

図 2-17

(2) 複数のテキストボックスの位置を揃えるには

①　揃えたいテキストボックスを、 Shift キーまたは Ctrl キーを押しながらクリックして選択します。

②　[ホーム]タブー[図形描画]グループー[配置]ボタンをクリックして、[オブジェクトの位置]ー[配置(A)]ー[左揃え(L)]を選択します(図 2-18、図 2-19、図 2-20)。

図 2-18

③　次に、同様の手順で[上下に整列(V)]を選択すると上下等間隔に配置されます。

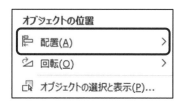

図 2-19

図 2-20

12 アウトライン機能による文字入力

【表示】▶【プレゼンテーション】▶【アウトライン表示】

(1) アウトライン機能

アウトライン機能は段落や各スライドの構成を考えながら入力するので、より論理的でわかりやすいスライドを作ることができます。

図 2-21

(2) アウトライン機能の利用

① [表示]タブ－[プレゼンテーションの表示]グループ－ [アウトライン表示]をクリックします(図 2-21)。左側にアウトラインを表示する領域が出現します。

② スライドのタイトルを、スライドペインの左側に出現する領域に入力します。 Enter キーを押すと[タイトルスライド]の 2 枚目に[タイトルとコンテンツ]のスライドが追加されます。ここで、1 枚目のスライド内にある別のプレースホルダーに内容を追加するには、箇条書き入力の要領で Tab キーを押します。これにより、新しいスライドではなく同じスライドの別のプレースホルダーに入力ができるようになります(図 2-22)。次のスライドに移動するには Enter キーを押した後に Shift + Tab キーを押します。

③ コンテンツプレースホルダー内の改行もアウトラインからの入力が反映されます。アウトライン表示を終了するには[表示]タブ－[プレゼンテーションの表示]グループ－[標準]ボタンをクリックします。

図 2-22

PowerPoint

Chapter 3
スライドのデザイン

13 テーマの設定

【デザイン】▶【テーマ】

(1) デザインを選ぶには

① ［デザイン］タブ－［テーマ］グループから好みのデザインを探します（図 3-1）。

図 3-1

② 表示されているテーマにマウスポインターを置くと、自動で［スライド］ペインにプレビューされます（図 3-2）。

③ ［その他］ボタンをクリックすると、一覧でテーマが表示されます。好きなテーマを選んでクリックするとすべてのスライドにデザインが適用されます（図 3-3）。

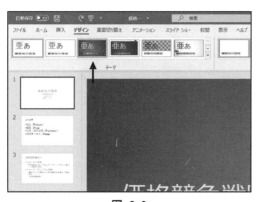

図 3-2

図 3-3

Column オリジナリティのあるテーマにする

　テーマはデザインや配色、フォントの種類・形・色・大きさ、視覚効果などから構成されています。スライドマスターの知識があればオリジナリティのあるスライドに変化させることも可能です。スライドマスターについては「**19 スライドマスターの変更**」を参照してください。

14 画像の挿入

【挿入】▶【画像】

(1) 画像を挿入するには

① [挿入]タブ−[画像]グループ−[画像]ボタンをクリックします（図 3-4）。

図 3-4

② パソコン内に保存されている画像を貼り付けたい場合には[このデバイス...(D)]を選択します。

③ ここでは[ストック画像...(S)]を選択します（図 3-5）。Microsoft 365 ではストック画像を選択するダイアログが出現します（図 3-6）。

④ 貼り付けたスライドはこのようになります（図 3-7）。Microsoft 365 では右側に[デザイン アイデア]ウインドウが出現しますので画像を使って手軽にスライドをデザインすることが可能です。

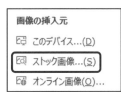

図 3-5

図 3-6

図 3-7

Column ストック画像

Microsoft 365 では「画像の挿入元」でパソコン内に自分が保存した画像（[このデバイス]）だけでなく[ストック画像]という写真素材などが選択できます。「ロイヤリティー フリー画像」のライブラリとなっており、この点も PowerPoint 2019 にはない Microsoft 365 を利用するメリットの一つとなっています。

15 画像のトリミング

【図の形式】／【書式】▶【サイズ】▶【トリミング】

(1) トリミングをするには

① トリミングしたい画像をクリックし、[図の形式]タブ／[書式]タブ－[サイズ]グループ－[トリミング]ボタンをクリックします（図 3-8）。

図 3-8

② 画像を囲むマークが変わるので、内側にドラッグさせて不要な部分を削っていきます（図 3-9）。トリミングをして削った部分はグレーになります（図 3-10）

③ Esc キーを押すか画像以外のスライド部分をクリックしてトリミングを終了します。

(2) 画像の調整

① 画像をクリックして選択します。

② [図の形式]タブ／[書式]タブ－[調整]グループから、色合いやアート効果などを変更します。例えば [調整]グループ－[色]ボタンをクリックして[ウォッシュアウト]を選ぶと、背景画像に使いやすいうっすらとした画像になります（図 3-11）。

図 3-9

図 3-10

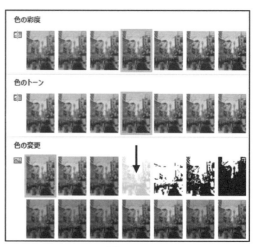

図 3-11

16 背景画像の挿入

【デザイン】▶【ユーザー設定】▶【背景の書式設定】

(1) 背景画像を設定するには

① ［デザイン]タブ−[ユーザー設定]グループ−
[背景の書式設定]をクリックします(図 3-12)。

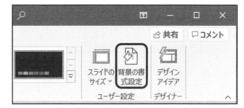

図 3-12

② ［背景の書式設定]ウインドウが右に表示さ
れますので塗りつぶしについて設定します。[塗
りつぶし(図またはテクスチャ)]をクリックし、[画
像ソース]−[挿入する(R)]ボタンをクリックします(図 3-13)。

③ ［図の挿入]ダイアログボックスが出現しますので、パソコン内に保存されているファイ
ルを挿入するのであれば[ファイルから]を選択します(図 3-14)。

④ ファイルを指定すると現在編集中のスライドにのみ画像ファイルが挿入されます。なお、
[背景の書式設定]ウインドウにある[すべてに適用(L)]ボタンをクリックすると、すべてのス
ライドに同じ背景が挿入されます(図 3-15)。

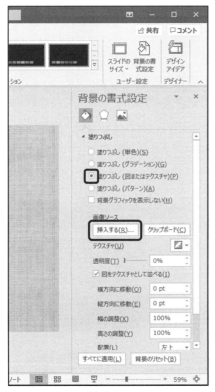

図 3-13

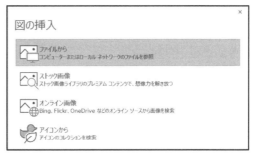

図 3-14

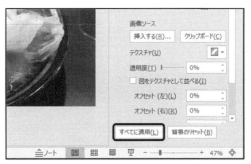

図 3-15

17　ムービーの挿入

【挿入】▶【メディア】▶【ビデオ】

(1) 映像を挿入するには

① ［挿入]タブー[メディア]グループー ［ビデオ]ボタンをクリックします。[このデバイス(T)]をクリックして映像を選択します(図 3-16)。

② ［ビデオの挿入]ダイアログボックスが開くので、映像を選択して[挿入]ボタンをクリックします。

③ ビデオ映像が挿入されました(図 3-17)。挿入した動画が選択されている状態では下にある再生ボタンで再生ができます。

図 3-16

(2) YouTube 等のネット上の映像を挿入するには

① (1)の①で[オンライン ビデオ(Q)]をクリックして YouTube 等の映像の URL を貼り付けます(図 3-18)。

② パソコン内の動画とは異なり、動画上に再生ボタンが出現します(図 3-19)。

③ スライドショー実行時には映像のサムネイル上に再生ボタンが出現しますのでクリックすると再生されます。

図 3-17

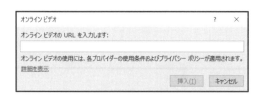

図 3-18

図 3-19

18　スライド番号の表示

【挿入】▶【テキスト】▶【スライド番号】

(1) スライド番号を表示するには

①［挿入］タブ－［テキスト］グループ－
［スライド番号］ボタンをクリックします（図
3-20）。

図 3-20

②［ヘッダーとフッター］ダイアログボッ
クスが開きます。

③［スライド番号(N)］にチェックを入
れて、［すべてに適用(Y)］ボタンをクリ
ックします（図 3-21）。［すべてに適用
(Y)］ではなく［適用(A)］をクリックする
と、編集中のスライドにのみスライド
番号が入力されます。

図 3-21

Column　日付や文字列を挿入したい

　同じく［ヘッダーとフッター］のダイアログボックスから設定できます。日付の場合は［日付と
時刻(D)］にチェックを入れてください。文字列を入力したい場合は、［フッター(F)］のチェックボ
ックスにチェックを入れて、その下のテキストボックスに挿入したい文字を入力します。［すべ
てに適用(Y)］ボタンをクリックすれば、すべてのスライドに文字列が挿入されます。なお、フッ
ターの大きさや位置を変更したい場合は、スライドマスターで調整します。「**19　スライドマス
ターの変更**」を参照してください。

19 スライドマスターの変更

【表示】▶【マスター表示】▶【スライドマスター】

(1) スライドマスターを開くには

スライドすべてに適用される共通の「ひな形」のようなものをスライドマスターと呼びます。これを編集することですべてのスライドのデザインなどが一度に変更できます。

図 3-22

① [表示]タブー[マスター表示]グループー[スライドマスター]ボタンをクリックします（図 3-22）。

② スライドマスターを閉じるには[スライドマスター]タブー[閉じる]グループー[マスター表示を閉じる]ボタンをクリックします（図 3-23）。

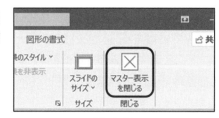

図 3-23

(2) スライドマスターの編集

例えば、タイトル領域の右にテキストボックスを入れてみることにします。

① スライドマスターが並んでいる左の領域で上までスクロールして、1 枚目のスライドマスターをクリックします。そして画面のように「マスタータイトルの書式設定」のプレースホルダーを狭めます（図 3-24）。

図 3-24

② 空いた部分にテキストボックスを配置して文字を入力します（図 3-25）。スライドマスターを閉じると、各スライドにテキストボックスから入力した文字が入っており、スライドマスターによる変更部分が反映されています。

図 3-25

20 スライドすべてに同じ画像を挿入

スライドマスターに画像を挿入

(1) スライドマスターから指定するには

① [表示]タブ－[マスター表示]グループ
－[スライドマスター]ボタンをクリックしま
す(図 3-26)。

② 例えば 1 枚目のスライドマスターをク
リックしたあと「マスタータイトルの書式設
定」のプレースホルダーを狭めます。普通
のスライドと同様に、[挿入]タブ－[画像]

図 3-26

グループ－[画像]ボタンをクリックします。[図の挿入]ダイアログボックスから画像を挿入
します(図 3-27)。

③ [スライドマスター]タブ－[閉じる]グループ－[マスター表示を閉じる]ボタンをクリックす
るとスライドマスターを閉じることができます。閉じると各スライドに画像が挿入されている
ことがわかります(図 3-28)。

図 3-27

図 3-28

Column レイアウト別のスライドマスター

ここでは 1 枚目のスライドマスターを編集しましたがこれは「全スライドに共通したひな形」
となります。PowerPoint には様々なレイアウトが用意されていますが、各レイアウト別に細
かくひな形を設定する場合には、レイアウトに応じた 2 枚目以降に表示されているスライドマ
スターを編集します。

21 デザイン アイデアの利用

スライドなどを見栄えのよいデザインに

(1) デザイン アイデアとは

新規に最初からプレゼンテーションファイルを作成すると
［デザイン アイデア］ウインドウがデフォルトで右側に出現し
（オプション設定で表示させないことも可能です）、デザイン性

図 3-29

の高いスライドや画像表現を手軽に作
成するための機能として役立ちます。な
お、Microsoft 365 でのみすべてのデザ
イン アイデアの機能が利用できます。

① PowerPoint を起動し、［新しいプレ
ゼンテーション］で新規に PowerPoint
ファイルを作成します。［ホーム］－［デ
ザイナー］－［デザイン アイデア］ボタ
ンが押された状態になり、右側に［デ
ザイン アイデア］ウインドウが表示さ
れます（図 3-29、図 3-30）。なお、デ

図 3-30

ザイン アイデアで提案されるデザインは毎回異なります。

② 新しいスライドを追加すると、［デザイン アイデア］ウインドウに、スライドのレイアウト
に応じたデザインが提案されます。

(2) 画像のデザイン

スライドに画像を挿入すると自動で［デザイン アイデア］
ウインドウが表示されます（図 3-32、図 3-31）。画像に応
じて様々なデザインが提案されますので、［デザイン アイ
デア］ウインドウから適用したいデザインをクリックして指定
します。

図 3-32

図 3-31

PowerPoint

Chapter 4
表とグラフ

22 表の作成

【コンテンツプレースホルダー】▶【表の挿入】

(1) 表機能を使うには

① コンテンツプレースホルダーにある[表の挿入]をクリックします(図4-1)。

② [表の挿入]ダイアログボックスに列数と行数を入力します(図4-2)。ここでは6列5行の表を作成しました(図 4-3)。

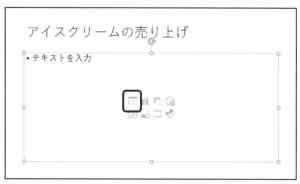

図 4-1

※ コンテンツプレースホルダーをクリック後に[挿入]タブー[表]グループー[表]ボタンから[表の挿入]でも同じく可能です。

(2) 表の体裁を整える

① 表のスタイルを変更するには 表をクリックして選択し、[テーブルデザイン]タブ／[デザイン]タブー[表のスタイル]からスタイルを選択します。

② 文字を中央や右に寄せるには、[レイアウト]タブー[配置]グループー[中央揃え]／[右揃え]を選びます(図4-4)。

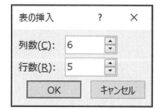

図 4-2

③ 表内の各セルの高さや幅を等間隔で揃えるには、揃えたいセルをマウスで選択し、[レイアウト]タブー[セルのサイズ]グループー[高さを揃える]／[幅を揃える]をクリックします。

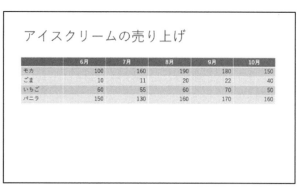

図 4-3

図 4-4

23　Excel の表の挿入

コンテンツプレースホルダーを選択してコピーした表を貼り付け

（1）Excel の表を貼り付けるには

①　Excel 上で表を選択してコピーします（図 4-5）。

②　PowerPoint に切り替えて、コンテンツプレースホルダーをクリックし、[ホーム]タブ－[貼り付け]ボタンをクリックして貼り付けます。

（2）表の形式を選択して貼り付け

①　Excel 上で表をコピーします。

②　PowerPoint に画面を切り替えて、[ホーム]タブ－[貼り付け]ボタンの▼をクリックします（図 4-6 ①）。

③　[形式を選択して貼り付け(S)]を選びます（図 4-6 ②）。貼り付ける形式で[Microsoft Excel ワークシート オブジェクト]をクリックして[OK]ボタンを押します（図 4-7）。

④　貼り付けた表をダブルクリックすると Excel モードで編集できます（図 4-8）。編集モードを解除するには、表以外のスライド部分をクリックしてください。

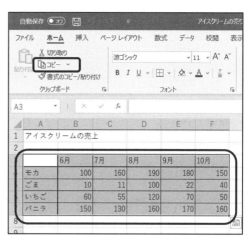

図 4-5

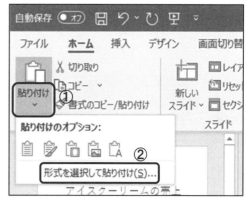

図 4-6

図 4-7

	A	B	C	D	E	F
3		6月	7月	8月	9月	10月
4	モカ	100	160	190	180	150
5	ごま	10	11	100	22	40
6	いちご	60	55	120	70	50
7	バニラ	150	130	160	170	160

図 4-8

24　グラフの作成

【コンテンツプレースホルダー】▶【グラフの挿入】

（1）グラフ機能を使うには

① コンテンツプレースホルダーにある[グラフの挿入]をクリックします（図4-9）。

② [グラフの挿入]ダイアログボックスが表示されます。ここでは集合縦棒グラフを選択しました（図 4-10）。

③ サンプルデータの入力された「Microsoft PowerPoint 内のグラフ」というタイトルで、自動的にワークシートの入力画面が起動します（図 4-11）。サンプルデータの入力されたワークシートを直接編集するとPowerPoint 上のグラフが自動で更新されます。

④ データを入力したらワークシートを閉じます。集合縦棒グラフができあがりました（図4-12）。

※ コンテンツプレースホルダーをクリック後に[挿入]タブ－[図]グループ－[グラフ]ボタンでも同様の操作が可能です。

図 4-9

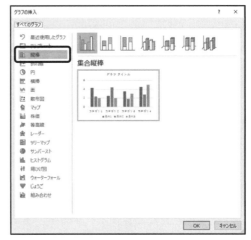

図 4-10

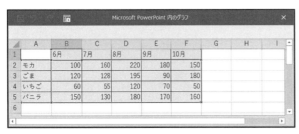

図 4-11

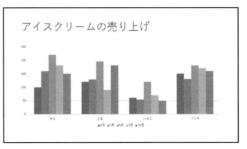

図 4-12

25　グラフの種類の変更

【グラフのデザイン】／【デザイン】▶【グラフの種類の変更】

（1）棒グラフから折れ線グラフに変更する

① グラフエリアの枠をクリックして選択し、[グラフの
デザイン]／[デザイン]−[種類]グループ−[グラフの
種類の変更]ボタンをクリックします（図 4-13）。

図 4-13

② [グラフの種類の変更]ダイアログボックスが開くの
で、[折れ線]を選びます（図 4-14）。

③ 折れ線の線を太くすると見やすくなりま
す。プロットエリアの折れ線を1回クリックして
選択したら、右クリックして[データ系列の書
式設定(F)]をクリックします（図 4-15）。

④ [データ系列の書式設定]ウインドウが現
れますので、[塗りつぶしと線]のアイコンをク
リックし（図 4-16 ①）[幅]を 2.25pt から大きな
サイズへと変更します（図 4-16 ②）。ここで
は 5pt へと太くしました。

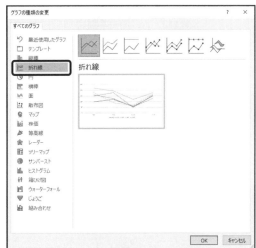

図 4-14

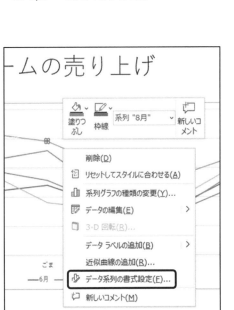

図 4-15

図 4-16

26　複合グラフへの変更

【グラフの種類の変更】▶【組み合わせ】

(1) 棒グラフの1つを折れ線グラフに変更する

①　グラフの枠をクリックして、[グラフのデザイン]タブ／
[デザイン]タブ－[グラフの種類の変更]ボタンをクリック
します（図 4-17）。

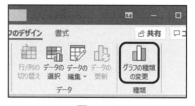

図 4-17

②　[グラフの種類の変更]ダイアログボックスが開くの
で、[組み合わせ]を選びます（図 4-18
①）。折れ線にしたいデータを選び、[第 2
軸]のチェックボックスにチェックを入れ、
グラフの種類を[折れ線]へと変更します
（図 4-18 ②）。棒グラフと折れ線グラフが
混在したグラフになりました（図 4-19）。
右に新たにできた縦軸が[第 2 軸]となり、
折れ線のためのデータを表します。

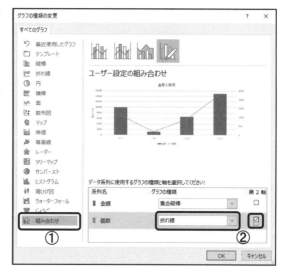

図 4-18

③　第 1 軸は左側の縦軸となりますが、
棒グラフのデータなのか折れ線グラフの
データなのか他人にはわかりません。
そこで、[グラフのデザイン]タブ／[デザイ
ン]タブ－[グラフのレイアウト]グループ－
[グラフ要素を追加]－[軸ラベル(A)]－[第
1 縦軸(V)]、同じく[第 2 縦軸(Y)]をクリックして軸ラ
ベルを設定してください（図 4-20）。

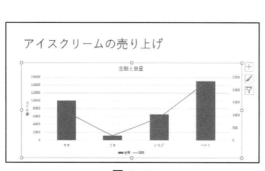

図 4-19

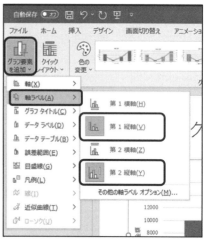

図 4-20

27　グラフデータの再編集

【グラフのデザイン】／【デザイン】▶【データの編集】

(1) データを再編集するには

①　グラフの枠をクリックしてグラフを選択し、[グラフのデザイン]タブ／[デザイン]タブ－[データ]グループ－[データの編集]ボタンをクリックします(図4-21)。

図 4-21

②　グラフのデータが記されたワークシートが表示されます(図 4-22)。ここでは 3 行目の「ごま」のデータを修正しました。

③　ワークシートを編集すると自動的にグラフも更新されます(図4-23)。 編集が終わったら閉じます。

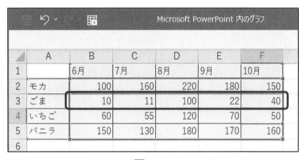

	A	B	C	D	E	F
1		6月	7月	8月	9月	10月
2	モカ	100	160	220	180	150
3	ごま	10	11	100	22	40
4	いちご	60	55	120	70	50
5	バニラ	150	130	180	170	160
6						

図 4-22

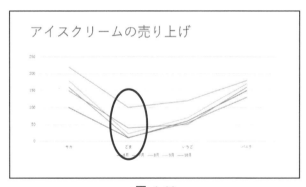

アイスクリームの売り上げ

図 4-23

Column　グラフにおける系列の列方向と行方向

　グラフ作成機能は自動でグラフを作成してくれますが、データの行と列とを入れ替えたいケースもあるかもしれません。このページの操作でデータシートの編集モードにしたうえで、PowerPoint で[グラフのデザイン]タブ／[デザイン]タブ－[データ]グループ－[行/列の切り替え]ボタンをクリックします。

28　Excel のグラフの挿入

コンテンツプレースホルダーを選択してコピーしたグラフを貼り付け

(1) Excel のグラフを貼り付けるには

① Excel 上でグラフを選択し、コピーします
（図 4-24）。

② コンテンツプレースホルダーをクリック
し、[ホーム]タブー[クリップボード]グループ
ー [貼り付け]ボタンをクリックして、グラフを
貼り付けます（図 4-25、図 4-26）。

③ コンテンツプレースホルダー内にグラフ
が貼り付けられました（図 4-27）。

④ コピー元の Excel ファイルとデータがリン
クされていますので、Excel ファイルのワーク
シートのデータを変更すると、PowerPoint 内
のグラフもリンクして変更されます。スライド
の編集中にコピー元の Excel ファイルを開い
ている場合には、コピー元の Excel ファイル
を直接編集することでデータが更新できま
す。Excel ワークシートのデータ編集につい
ては「**27　グラフデータの再編集**」も参考にし
てください。

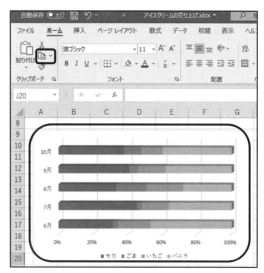

図 4-24

図 4-25

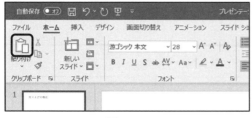

図 4-26

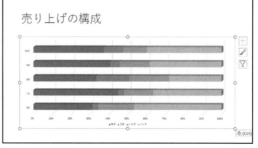

図 4-27

PowerPoint

Chapter 5
図表と図形

29 組織図やピラミッド図の挿入

【SmartArt グラフィックの挿入】

(1) 組織図やピラミッド図を挿入するには

① コンテンツプレースホルダー内にある[SmartArt グラフィックの挿入]をクリックします(図 5-1)。

② [SmartArt グラフィックの選択]ダイアログボックスから[階層構造]を選び、[組織図]をクリックして[OK]ボタンをクリックします(図 5-2)。

③ 組織図がスライドに挿入されますので、挿入したい文字を左側のテキスト ウインドウから、箇条書きの要領で入力していきます(図 5-3)。テキスト ウインドウが表示されない場合、[SmartArt のデザイン]タブ／[デザイン]タブ−[グラフィックの作成]グループ−[テキスト ウインドウ]をクリックします。

④ このほかに、リスト、手順、循環、集合関係、マトリックス、ピラミッドといった各図表も簡単に作成できます。

図 5-1

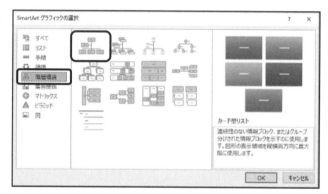

図 5-2

図 5-3

30 組織図への図形追加

【SmartArt のデザイン】／【デザイン】▶【グラフィックの作成】▶【図形の追加】

(1) 組織図に図形を追加するには

① 追加したいレベルの図形をクリックして選択します（図 5-4）。[SmartArt のデザイン]タブ／[デザイン]タブ－[グラフィックの作成]グループ－[図形の追加]ボタンの▼をクリックします（図 5-5）。一覧から[後に図形を追加(A)]を選択します（図5-6）。これで同じレベルに図形が追加されました（図 5-7）。

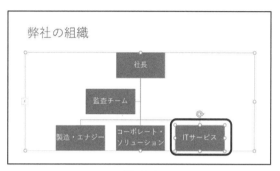

図 5-4

② 下位のレベル（「子」のレベル）に図形を追加するには、同様に[図形の追加]ボタンの▼をクリックして[下に図形を追加(W)]を選択します（図5-8）。[階層構造]ではクリックした図形のどの階層（レベル）に図形を使いたいのかを考えて追加する場所を選択すればよいです。

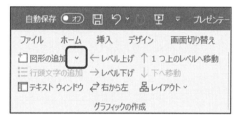

図 5-5

③ なお、他の SmartArt でも [図形の追加]の操作によって同様に図形が追加できます。

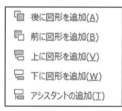

図 5-6

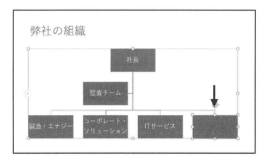

図 5-7

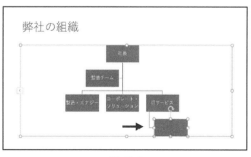

図 5-8

31　箇条書きからSmartArtへの変更

【ホーム】▶【段落】▶【SmartArt グラフィックに変換】

(1) 箇条書きをSmartArtに変更するには

① 箇条書きのあるプレースホルダーをクリックします（図 5-9）。

② ［ホーム］タブ－［段落］グループ－［SmartArt グラフィックに変換］ボタンをクリックします（図 5-10）。

③ ここでは［縦方向ボックス リスト］を選択しました（図 5-11）。箇条書きが SmartArt に変化しました（図 5-12）。

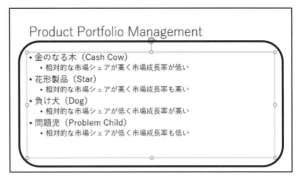

図 5-9

(2) SmartArtのスタイルや色を変更する

① SmartArt を選択し、［SmartArt のデザイン］タブ／［デザイン］タブ－［SmartArt のスタイル］グループから簡単にグラデーションや 3D スタイルなどに変更することができます（図 5-13）。

② SmartArt のカラースタイルを変更するには、同じく［SmartArt のスタイル］グループ－［色の変更］ボタンをクリックします。

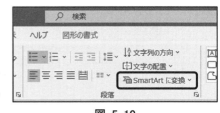

図 5-10

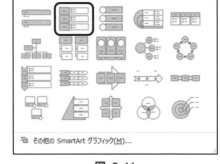

図 5-11

図 5-12

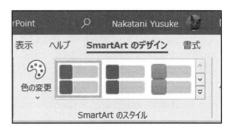

図 5-13

32 図形を描く

【挿入】▶【図】▶【図形】から図形を選択

(1) 図形を描く

① [挿入]タブー[図]グループー[図形]ボタンをクリックします（図 5-14）。

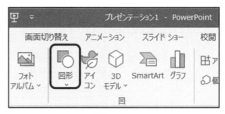

図 5-14

② 図形の種類を選びます（図 5-15）。図形は[線]を含めて 9 つのジャンルに分類されています。

③ 画面のような[四角形：角を丸くする]の場合、対角線を引くように（図の矢印のように）マウスをドラッグします（図 5-16）。

(2) 配色の設定

完成した図形には自動で色が付けられています。これはスライドのデザインの中の[配色]によるものです。[配色]の設定は[デザイン]タブー[バリエーション]グループー[その他]ボタンから[配色]をクリックして好みの配色にすることができます（図 5-17）。

図 5-15

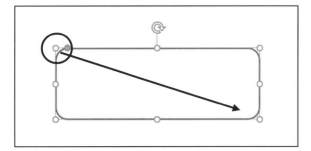

図 5-16

図 5-17

33 直線を描く

【挿入】▶【図】▶【図形】▶【線】

（1）直線を描くには

① ［挿入]タブ－[図]グループ－[図形]ボタンをク
リックします。その中から[線]のカテゴリー[線]を選
択します（図 5-18、図 5-19）。

図 5-18

② マウスポインターが＋の形になりますので、そ
のままマウスをドラッグすると線が引けます。ボタ
ンを離したところまで線が引けます。

③ 線の太さや形状を変更するには、線をクリック
して選択し、[図形の書式]タブ／[書式]タブ－[図
形のスタイル]グループ－[図形の枠線]ボタンをク
リックします。点線にしたり矢印にしたり、任意の太
さに変えることや色を付けることも可能です。

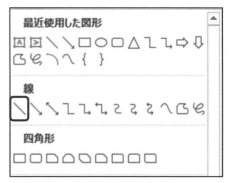

図 5-19

Column 繰り返して同じ直線や図形を描く

最初に[挿入]タブ－[図]グループ－[図形]
ボタンをクリックして、描きたい図形を探しま
す。その画像のアイコンを右クリックし、[描画
モードのロック]を選択します（図 5-20）。マウ
スポインターが＋となって、何度も[図形]を選
択しなくても描くことができます。[描画モード
のロック]を終了したい場合には Esc キーを
押します。

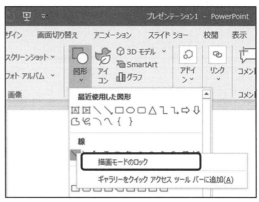

図 5-20

34　曲線を描く

【挿入】▶【図】▶【図形】▶【曲線】

（1）曲線を描くには

① ［挿入］タブ－［図］グループ－［図形］ボタンをクリックします。

② ［線］のグループから［曲線］を選びます（図5-21）。

③ マウスポインターが＋になったことを確認します。

④ 始点をまずクリックし、曲線の「山」となる通過点をクリックしていきます（図 5-22）。

⑤ 終点でダブルクリックすると曲線が完成します。

図 5-21

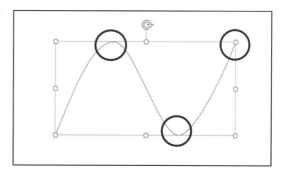

図 5-22

Column　グリッドとガイドを利用する

　たとえば、2次曲線のような左右非対称の曲線を描きたい場合、曲線の山が中心にくるように描く必要があります。便利なのが、グリッドとガイドの機能です。［表示］タブ－［表示］グループ－［グリッド線］と［ガイド］にそれぞれクリックを入れます（図 5-23）。［グリッド線］によって方眼紙のように表示され、［ガイド］によって垂直、水平方向の中心がわかりやすくなるので、きれいに図を描くことができます。

図 5-23

35 図形への文字入力

図形を選択してキーボードから文字を入力します

(1) 図形に文字を入力するには

① 図形をクリックして選択します（図5-24）。

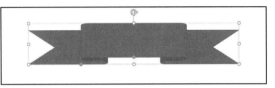

図 5-24

② キーボードから文字を入力すると、そのまま図形の中に入力された文字が入ります（図 5-25）。

図 5-25

③ 文字を大きくするには、プレースホルダーの枠をクリックして[ホーム]タブ－[フォント]グループ－[フォント サイズの拡大]ボタンをクリックします（図 5-26）。

(2) 縦書きに変更したい

① 図形をクリックして選択します。[ホーム]タブ－[段落]グループ－[文字列の方向]ボタンをクリックします（図 5-27）。

図 5-26

② [縦書き(V)]を選択するとプレースホルダー内の文字が縦書きになります（図 5-28）。[縦書き(V)]を選択した場合は半角の文字が縦になりませんので、半角の文字も縦にするには[縦書き（半角文字含む）(S)]を選択します。

図 5-27

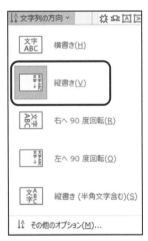

図 5-28

36　図形の色や線の修正

【図形の書式】／【書式】▶【図形のスタイル】▶【図形の塗りつぶし】／【図形の枠線】

（1）図形の色を変更するには

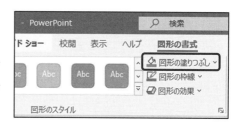

図 5-29

① 色を変えたい図形をクリックして選択します。[図形の書式]タブ／[書式]タブ－[図形のスタイル]グループ－[図形の塗りつぶし]ボタンをクリックします（図 5-29）。

② 変更したい色を選んでクリックします（図 5-30）。

※ 同様の作業は、[ホーム]タブ－[図形描画]グループ－[図形の塗りつぶし]ボタンでも可能です（図 5-31）。

（2）図形の枠線を変更するには

図 5-30

　枠線を変えたい図形を選択します。[図形の書式]タブ／[書式]タブ－[図形のスタイル]グループ－[図形の枠線]ボタンをクリックします。変更したい色を選んでクリックします。[図形の枠線]から[太さ(W)]をクリックして太さを選択することもできます。ここで[枠線なし(N)]を選択すると、単に塗りつぶしのみの図形となります。逆に枠線だけに色を付けたい場合は[図形の塗りつぶし]で[塗りつぶしなし(N)]を選んでください。

図 5-31

Column **画像に使われている色を探す**

　画像に使われている色で図形の塗りつぶしも統一したいときがあるかもしれません。そのときは、さきほどの[図形の塗りつぶし]から[スポイト]を選びます。マウスポインターがスポイトの形になりますので、スライド内に挿入された画像をクリックして色を採取します。これを使えば図形に画像と一致した色を付けることが可能になります。

37　図形のスタイル設定

【ホーム】▶【図形描画】▶【クイックスタイル】

(1) クイックスタイルを利用するには

① 効果的なスタイルを付けたい図形をクリックして選択します。［ホーム］タブ－［図形描画］グループ－［クイックスタイル］ボタンをクリックします（図 5-32）。

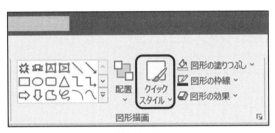

図 5-32

② ［クイックスタイル］の一覧から適用したいスタイルを選択します（図 5-33）。

③ ここでは［パステル － オレンジ、アクセント2］に変更しました（このオレンジ色は［配色］の設定によって変わります）。クイックスタイルを指定することで、図形の塗りつぶしと枠線と効果が自動で設定されます。

※ 同様の作業は［図形の書式］タブ／［書式］タブ－［図形のスタイル］グループからでも可能です（図 5-34）。

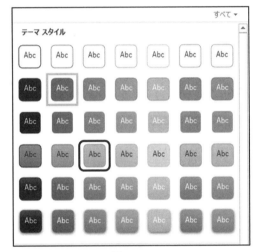

図 5-33

図 5-34

Column 繰り返して同じ直線や図形を描く

１つ１つ手作業で同じ図形を作成してしまうとサイズがバラバラになり見栄えが良くありません。そこで、コピーしたい図形を、 Ctrl キーを押しながらマウスの左ボタンを押しながらドラッグしてください。マウスの左ボタンを離すと図形がコピーされます。

38　図形を立体的にする

【図形の書式】／【書式】▶【図形のスタイル】▶【図形の効果】

（1）図形を立体的に見せるには

① 立体的にしたい図形をクリックして選択します（図 5-35）。

② ［図形の書式]タブ／[書式]タブ－[図形のスタイル]グループ－[図形の効果]ボタンをクリックします（図 5-36）。

③ ここでは[標準スタイル]の[標準スタイル9]を選択しました（図 5-37、図5-38）。[図形の効果]からそのほかの効果を選ぶと、細かな影や反射などの設定ができます。

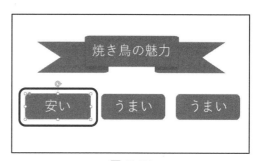

図 5-35

図 5-36

※ 同様の作業は、[ホーム]タブ－[図形描画]グループ－[図形の効果]グループからでも可能です（図 5-39）。

図 5-37

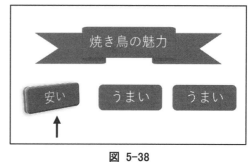

図 5-38

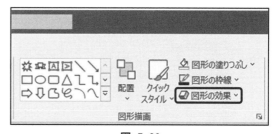

図 5-39

39 図形の回転・反転

【図形の書式】／【書式】▶【配置】▶【回転】

(1) 図形を回転・反転させるには

① 図形をクリックして選択します（図5-40）。

② ［図形の書式］タブ／［書式］タブー［配置］グループー［回転］をクリックします（図5-41）。

③ 回転させる場合は、［左へ 90 度回転(L)］もしくは［右へ 90 度回転(R)］を使います（図 5-42、図5-43）。

④ 上下もしくは左右にひっくり返したい場合は、［上下反転(V)］か［左右反転(H)］を使います。

※ 同様の作業は［ホーム］タブー［図形描画］グループー［配置］ー［回転］からでも可能です。

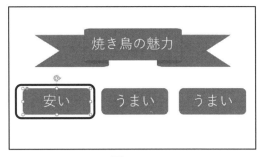
図 5-40

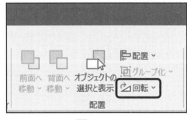
図 5-41

(2) 90 度や 180 度ではなく自由な角度で回転させたい

① 回転したい図形をクリックすると回転ハンドルが存在していることがわかります。

② 回転ハンドルにマウスポインターを合わせるとポインターの形状が変化します。この回転ハンドルをドラッグしながら左右に回転させます（図 5-44）。

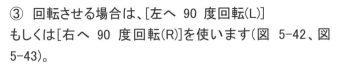
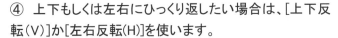
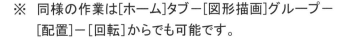
図 5-42

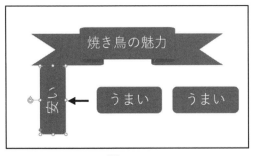
図 5-43

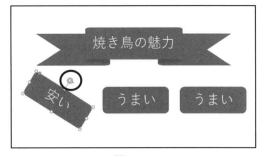
図 5-44

40　図形の重なる順序の変更

【図形の書式】／【書式】▸【配置】▸【背面へ移動】／【前面へ移動】

(1) 重なった図形の順序を変更するには

① 図形は後から描いたものが上になります。後ろに配置したい図形を選択します（図5-45）。

② ［図形の書式］タブ／［書式］タブ－［配置］グループ－［背面へ移動］の▼ボタンをクリックして［最背面へ移動(K)］を選択します（図5-46、図 5-47）。

③ 隠れていた図形が上に現れます（図5-48）。なお、［前面へ移動］ボタンから［最前面へ移動(R)］を選択すると一番前に移動します。これらの操作は右クリックメニューからでも可能です。

※ 同様の作業は［ホーム］タブ－［図形描画］グループ－［配置］のメニューからも可能です。

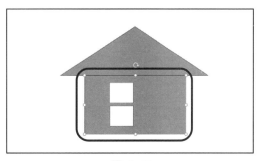

図 5-45

図 5-46

(2) 隠れている図形を探すには

何か図形を選択しておき Tab キーを何度も押していくと、そのスライド内の図形が 1 つ 1 つ選択されていきます。もしも大きな図形の下に隠れている図形がある場合には選択されていくのですぐ発見できます（図5-49）。

図 5-47

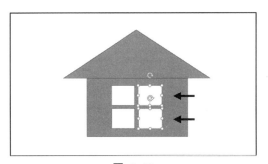

図 5-48

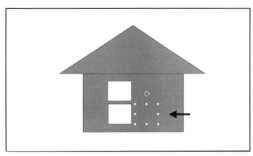

図 5-49

41 図形のグループ化

【図形の書式】／【書式】 ▶ 【配置】 ▶ 【グループ化】

(1) グループ化をするには

① 1 つのグループとして扱いたい図形をマウスの左ボタンを押しながらすべての図形を大きく囲むか、 Ctrl キーを押しながら図形を 1 つ 1 つクリックしていくことで選択します（図 5-50）。

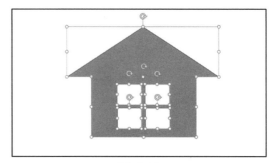

図 5-50

② ［図形の書式］タブ／［書式］タブ－［配置］グループ－［グループ化］をクリックして［グループ化(G)］を選択します（図 5-51、図5-52）。

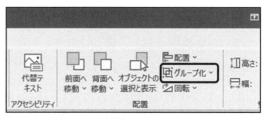

図 5-51

③ グループ化をすることで 1 つの図形として扱えるので、拡大や縮小、アニメーションなどを設定するのが便利になります（図5-53）。一連の操作は右クリックメニューからでも可能です。

(2) グループ化を解除するには

① 解除したい図形をクリックします。

② ［図形の書式］タブ／［書式］タブ－［配置］グループ－［グループ化］をクリックして［グループ解除(U)］を選択します（図5-54）。

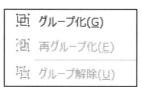

図 5-52

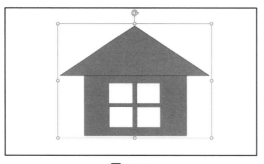

図 5-53

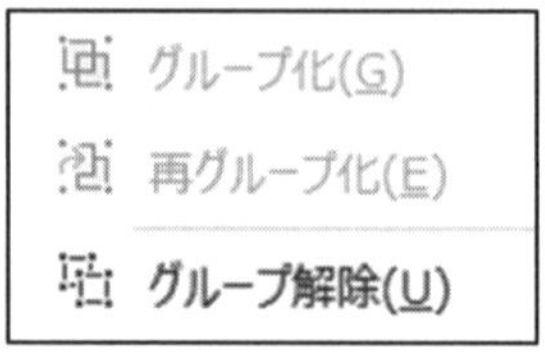

図 5-54

42　アイコン

【挿入】▶【図】▶【アイコン】

（1）アイコンとは

アイコンは PowerPoint にあるイラスト集です。モノクロでシンプルですが、図形と同様に色の変更やサイズの変形などもできるためスライドのアクセントとして活用できます。

図 5-55

① ［挿入］タブー［図］グループー［アイコン］ボタンをクリックします（図 5-55）。

② アイコンを選んで［挿入］ボタンをクリックします（図 5-56）。Office2019 では、この図と少し異なります。ジャンルと検索ボックスが左側になります。

図 5-56

③ アイコンは様々なジャンルに分類されていますが、思ったものが見つけられない場合もあるかもしれません。検索ボックスから検索ワードを入力するとヒットするかもしれません。例では「コーヒー」を検索した結果です（図 5-57）。

④ スライドに挿入すると図形と同様に回転ハンドルが出現しますので、サイズ変更や回転などが可能になります（図 5-58）。アイコンと既存の図形を組み合わせることでオリジナリティのある図形を作ることができます。

図 5-57

図 5-58

43 3D モデル

【挿入】▶【図】▶【3D モデル】

(1) 3D モデル

① ［挿入］－［図］グループ－［3D モデル］ボタンをクリックします（図 5-59）。

② ［オンライン 3D モデル］のダイアログが表れますのでジャンルを選択します。ここでは［絵文字］を選びました（図 5-60）。

③ ［絵文字］のジャンルにある 2 番目の顔文字を選びました（図 5-61）。

④ 3D モデルをスライドに挿入すると、真ん中に 3D コントロールが出現しますので、好みの角度に回転します（図 5-62、図 5-63）。

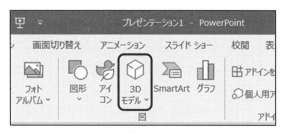

図 5-59

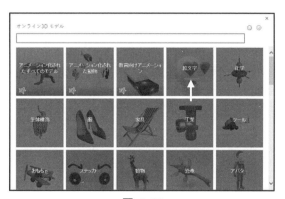

図 5-60

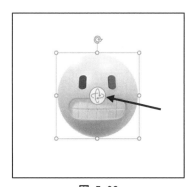

図 5-62

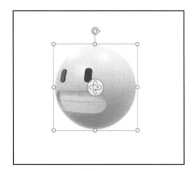

図 5-63

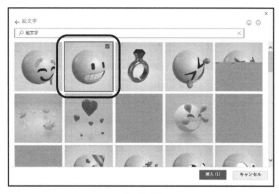

図 5-61

PowerPoint

Chapter 6
アニメーション

44 画面切り替え効果の設定と解除

【画面切り替え】タブから効果を選択

(1) 画面の切り替え効果を設定するには

① [画面切り替え]タブ－[画面切り替え]グループ－[その他]ボタンをクリックします（図 6-1）。

② 画面切り替え効果の一覧が表示されるので、最適なものを選択します。

図 6-1

③ ここでは[弱]の中から[スプリット]を選択しました（図 6-2）。画面切り替え効果のアニメーションが設定されたら、左側の[スライド]タブ内にあるスライド番号下に★印が付きます（図 6-3）。

④ 同じグループにある[効果のオプション]で画面切り替えの方向などが変えられます。

(2) 画面切り替えを解除するには

① 解除したいスライドを左側の[スライド]タブから選びます。

図 6-2

② [画面切り替え]タブ－[画面切り替え]グループ－[なし]を選択します（図 6-4）。

図 6-3

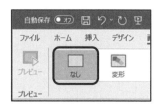

図 6-4

45　画面切り替え効果のスピード設定

【画面切り替え】▶【タイミング】

（1）画面切り替えのスピードを変えるには

①　[画面切り替え]タブ－[タイミング]グ
ループ－[期間(D)]ボックスから秒単位で
変更します。画面切り替えが設定されて
いない状態では[自動]となっています（図
6-5）。

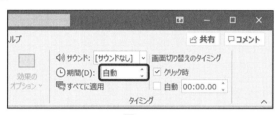

図 6-5

②　[期間]とは画面が切り替わるまでの
時間です。例えば 05.00 と指定した場合
は切り替わるのに 5 秒間かかるということ
になります。ボックス内の▲▼を利用して
調整できます（図 6-6）。

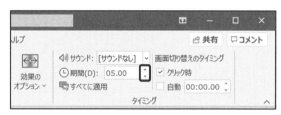

図 6-6

Column　画面切り替え時にサウンドを鳴らすには

　画面が切り替わるときに、例えばシャッター音やドラムの音などのサウンドを鳴らすことも
可能です。[画面切り替え]タブ－[タイミング]グループ－[サウンド]ボックスの▼をクリックし
ます（図 6-7）。
　一覧からサウンドを選択します。ここでは[チャイム]を選択しました。ウインド、カメラなど
といったデフォルトで用意されている音以外に、自分で用意したファイルを再生することも可
能です。この場合には、サウンドを選択するときに[その他のサウンド]を選びます。

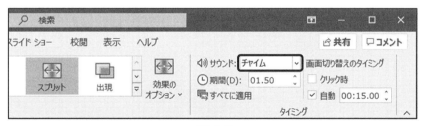

図 6-7

46 全スライドへの同じ画面切り替え効果の設定

【画面切り替え】▶【タイミング】▶【すべてに適用】

(1) 一括で同じ画面切り替え効果を設定するには

① [画面切り替え]タブー[画面切り替え]グループー[その他]ボタンをクリックします（図6-8 ①）。スライドに設定したい[画面切り替え効果]を選択します。

図 6-8

② 左側の[スライド]タブを見ると、アニメーションが設定されたスライドには☆印が付いています。

③ [タイミング]グループー[すべてに適用]ボタンをクリックします（図 6-8 ②）。すべてのスライドに★印が付いているのを確認してください（図 6-9）。

図 6-9

(2) 画面切り替え効果を解除するには

① スライドを左側のサムネイルから選択します。

② [画面切り替え]タブー[画面切り替え]グループー[なし]を選択します（図 6-10 ①）。

③ [スライド]タブのスライドから★印が消えたことを確認してください。[タイミング]グループにある[すべてに適用]ボタンをクリックすればすべての画面切り替え効果が解除されます（図 6-10 ②）。

図 6-10

47 プレースホルダーへのアニメーション設定

【アニメーション】▶【アニメーションの詳細設定】▶【アニメーションの追加】

(1) アニメーションを設定するには

① アニメーションを設定したいプレースホルダーをクリックして選択します（図 6-11）。

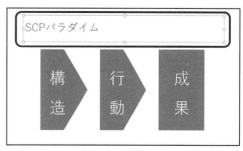

図 6-11

② ［アニメーション]タブ－[アニメーションの詳細設定]グループ－[アニメーションの追加]ボタンをクリックします（図 6-12）。

③ ここでは[開始]グループの[ホイール]を選択しました（図 6-13）。プレースホルダーの左に番号が付きます。この順番でスライド内のアニメーションが実行されます。またスライドタブにも☆印が付きます（図 6-14）。

図 6-12

④ 気に入ったものが一覧に表示されていなければ ［アニメーションの追加]ボタンをクリックして、一番下にある[その他の開始効果(E)]、[その他の強調効果(M)]、[その他の終了効果(X)]、[その他のアニメーションの軌跡効果(P)]をそれぞれクリックしてみてください（図6-15）。

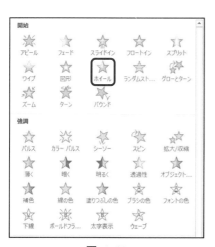

図 6-13

図 6-14

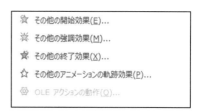

図 6-15

48 図形へのアニメーション設定

【アニメーション】▶【アニメーションの詳細設定】▶【アニメーションの追加】

(1) アニメーションを設定するには

① プレースホルダーの場合と同様に行います。図形を選択します（図 6-16）。

② ［アニメーション］タブ－［アニメーションの詳細設定］グループ－［アニメーションの追加］ボタンをクリックして、設定したい効果を選択します（図 6-17）。

※ ［アニメーション］タブ－［アニメーション］グループにあるアニメーションの一覧からアニメーションを直接選んで設定することも可能です。

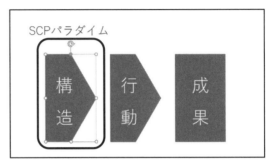

図 6-16

図 6-17

Column アニメーション ウィンドウの利用

　［アニメーション］タブ－［アニメーションの詳細設定］グループ－［アニメーション ウィンドウ］ボタンをクリックすると右側にアニメーション ウィンドウが表示されます（図 6-18、図 6-19）。アニメーションが実行される順番に並んでいますので、順序を変更したり、タイミングを変更したり詳細な設定が可能です。

図 6-18

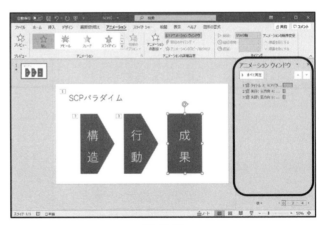

図 6-19

49 アニメーションの確認

【アニメーション】▶【プレビュー】

(1) プレビューで確認するには

① [アニメーション]タブ－[プレビュー]
グループ－[プレビュー]ボタンをクリッ
クします（図 6-20）。編集中のスライド
上でアニメーションがプレビューされま
す。

図 6-20

② プレビューを確認するのは[アニメ
ーション]ウィンドウを表示しても可能です。[アニメーション]タブ－[アニメーションの詳細設
定]グループ－[アニメーション ウィンドウ]ボタンをクリックします。アニメーション ウィンド
ウが表示されますので[ここから再生]もしくは[すべて再生]ボタンをクリックします（図
6-21）。図のように何かプレースホルダーや図形が選択されているときは[ここから再生]ボ
タンとなります（図 6-22）。

③ アニメーションを停止するには[プレビュー]ボタンをもう一度クリックしてください。[アニ
メーション ウィンドウ]が表示されていれば、さきほどの[再生]ボタンが[停止]となっていま
すのでこれをクリックします。なお、キーボードから Esc キーを押してもアニメーションの
再生を停止できます。1 回で停止できない場合は再度 Esc キーを押してください。

④ スライドショーとして再生を確認したい場合は「**55 スライドショーの実行**」を参照してく
ださい。

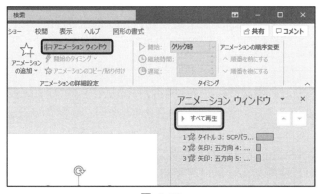

図 6-21

図 6-22

50　アニメーションの解除

【アニメーション】▶【なし】

(1) アニメーションを解除するには

① 解除したい図形やプレースホルダーをクリックします。図では[スライドイン]のアニメーションが設定されており、プレースホルダーの横に番号が付いています（図 6-23）。

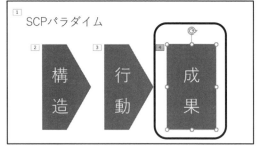

図 6-23

② [アニメーション]タブー[アニメーション]グループー[なし]をクリックします（図 6-24、図 6-25）。

③ この一連の操作で削除されるのは、アニメーション効果のみです。図形やテキストそのものが削除されるわけではありません。

図 6-24

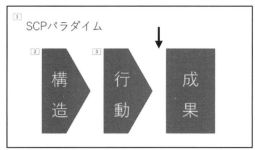

図 6-25

Column　**意味のあるアニメーション**

　PowerPoint には数多くのアニメーションが用意されているので、「くどいアニメーション」を設定してしまいがちです。しかし聴衆がアニメーションに気を取られてしまい、発表者が言いたかったことが伝わらなくなってしまえばプレゼンテーションは成功したとは言えません。

　スライドの作成にあたっては「伝えたいこと」は何なのかを考え、それを助けるためにどのようなアニメーションが必要かということを考えてみるのはどうでしょうか。

51　アニメーションの順序変更

【アニメーション】▶【タイミング】▶【アニメーションの順序変更】

(1) アニメーションの順序を変更するには

① 変更したいオブジェクトをクリックします。図では四角の図形(「成果」)が 2 番目になっていますので 4 番目に表示されるように変更します(図 6-26、図 6-27)。

② [アニメーション]タブ－[タイミング]グループ－[アニメーションの順序変更]－[▼順番を後にする]ボタンをクリックします(図 6-28)。

③ 同じことは[アニメーション]タブ－[アニメーションの詳細設定]グループ－[アニメーション ウィンドウ]を表示しても実現できます。順序を変更したいものをクリックして、再生ボタンの右にある[▲]ボタンもしくは[▼]ボタンで順番を変更します(図 6-29)。

(2) アニメーションのタイミング

[アニメーション ウィンドウ]からは、クリック時にアニメーションを表示させるかどうかのタイミングも設定できます。変更したいオブジェクト名を[アニメーション ウィンドウ]から探し、その右にある▼をクリックします。メニューから例えば[直前の動作の後(A)]を選択すると、クリックしなくても前のオブジェクトが出現した後にオブジェクトが自動的に現れます(図 6-30)。

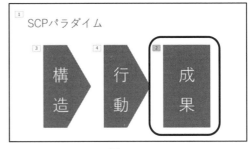

図 6-26

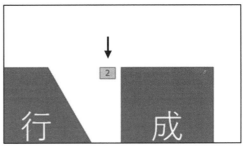

図 6-27

図 6-28

図 6-29

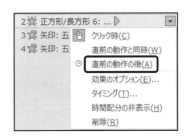

図 6-30

52　箇条書きへの詳細なアニメーション

【アニメーション】▶ 🔲 ▶【テキスト アニメーション】▶【グループテキスト】

(1) 箇条書きにアニメーションを付ける

① 箇条書きのプレースホルダーをクリック
してアニメーションを設定します（図 6-31）。
ここではスライドインを設定しました。

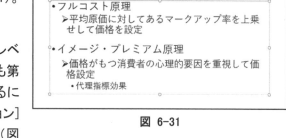

図 6-31

② 第2レベル以下の箇条書きは第1レベ
ルと同時に表示されます。第 2 レベルも第
1 レベルとは別に表示されるようにするに
は、[アニメーション]タブ－[アニメーション]
グループ－🔲ボタンをクリックします（図
6-32）。

③ [テキスト アニメーション]タブを
クリックして、[グループ テキスト(G)]
を[第 2 レベルの段落まで]に変更し
ます（図 6-33、図 6-34）。

図 6-32

④ 例では第3レベルまで箇条書き
があsuりますが、第 3 レベルも 1 つずつ個別に表示したい場合は上記③の[グループ テキ
スト]を[第3レベルの段落まで]に変更します。

図 6-33

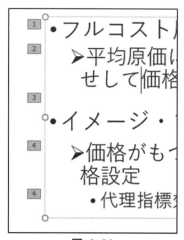

図 6-34

53　グラフへのアニメーション設定

【アニメーション】▶【アニメーションの詳細設定】

（1）アニメーションを設定する

①　グラフを選択し、[アニメーション]タブー[アニメーションの詳細設定]グループー[アニメーションの追加]ボタンをクリックします（図6-35、図 6-36）。ここではスライドインの効果を選択しました（図 6-37）。

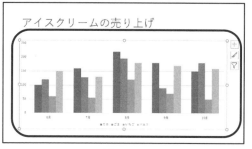

図 6-35

②　スライドインの効果では棒グラフが一度に下から表示されます。下からではなく別の方向から表示したい場合は、グラフを選択して[アニメーション]タブー[アニメーション]グループー[効果のオプション]ボタンから方向を選択します。ここでは[左から(L)]を設定し、左からスライドインが表示されるようにしました（図 6-38）。

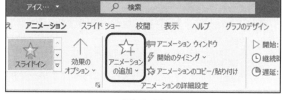

図 6-36

図 6-37

図 6-38

54　グラフを系列ごとに表示させる設定

【アニメーション】▶【効果のオプション】▶【系列別】

(1) 1本ずつ表示される棒グラフ

① グラフを選択し、[アニメーション]タブ－[アニメーションの詳細設定]グループ－[アニメーションの追加]ボタンから[スライドイン]で効果を設定しておきます。このとき一度にグラフが表示されます。

図 6-39

② [アニメーション]タブ－[アニメーション]グループ－[効果のオプション]ボタンから[系列別（Y）]を選択します（図 6-39、図 6-40）。

③ [系列別（Y）]ではなく[項目別（C）]を選択すると、それぞれの項目ごとに表示されます。折れ線グラフでも系列ごとや要素ごとに表示できます。

(2) 表示の効果

[アニメーション]タブ－[アニメーション]グループ－🔽ボタンをクリックすると、効果のダイアログが表示されます（「**52　箇条書きへの詳細なアニメーション**」の②も参照）。このダイアログで[グラフ アニメーション]タブ－[グループ グラフ（G）]－[系列別]を選択しても同様のことが可能です（図 6-41）。

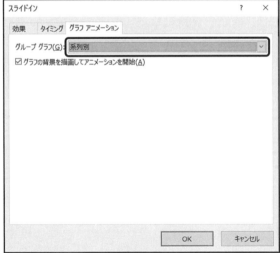

図 6-41

図 6-40

PowerPoint

Chapter 7
スライドショー

55 スライドショーの実行

【スライドショー】▶【スライドショーの開始】▶【最初から】

(1) スライドショーを実行する

スライドを見せながらプレゼンテーションをするには、スライドショーという機能を使います。[スライドショー]タブー[スライドショーの開始]グループー[最初から]ボタンをクリックしてください（図 7-1）。なお、F5 キーを押すだけでもスライドショーが実行できます。現在表示されているスライドからスライドショーをスタートするには[現在のスライドから]をクリックします。

図 7-1

図 7-2

※ 右下にあるステータスバーの[スライドショー]ボタンでもスライドショーは実行可能です（図 7-2）。

(2) スライドショーの操作

次のスライド（アニメーション）に移るには、マウスでは左クリックです。キーボードからは スペース キー、Enter キー、↓ と → の矢印キーとなります。行き過ぎてしまった場合、1つ前のスライド（アニメーション）に戻したいときがあります。このと

図 7-3

きは、Backspace キー、← と ↑ の矢印キーで戻ることができます。スライドショー中に Esc キーを押すとスライドショーは終了します。

(3) 発表者ツール

図 7-3 は、次のスライドやノートなどが表示できる発表者用の画面です。スライドショー実行時（外部ディスプレイに接続時）には多くの場合、発表者ツールが表示されます。もし表示されない場合は、スライドショー実行中に右クリックから[発表者ツールを表示(R)]で表示します。

56　スライドショー実行中での一覧表示

【スライドショー】ツールバーからスライドを一覧表示

(1) スライドショー実行中にスライドの一覧を表示するには

① スライドショーの実行中（図 7-4）にマウスを左右に動かしてください。図 7-5 のように左下に[スライドショー]ツールバーとして 7 つのアイコンが出現します（Microsoft 365 の場合）。しばらくマウスを動かさずにいると消えてしまいますので注意してください。

図 7-4

② 左から 4 番目のアイコンがすべてのスライドを表示するアイコンです（図 7-5）。

③ すべてのスライドを表示するアイコンをクリックすると一覧表示になります（図 7-6）。ジャンプしたいスライドをクリックすると指定したスライドが表示されます。一覧表示から特定のスライドへジャンプせずに元のスライドに戻る場合は Esc キーを押します。

図 7-5

(2) 発表者ツールでの一覧表示

発表者ツール表示（「**55　スライドショーの実行**」を参照）からスライドを一覧表示するには、発表者ツールの左下の 2 番目のアイコンをクリックしてください（図 7-7）。一覧表示から発表者ツールに戻るには Esc キーを押します。

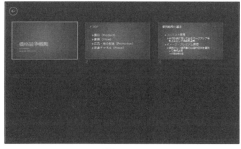

図 7-6

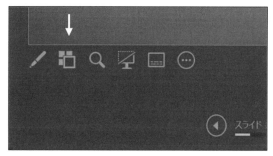

図 7-7

57　スライドショー中のレーザーポインター機能

Ctrl ＋ L キー

（1）スライドショー実行中にレーザーポインター機能を使うには

　スライドショーの実行中にマウスポインターを表示させてレーザーポインターの代用として使いたいこともあるでしょう。こんなときはPowerPoint のレーザーポインター機能を使うと効果的です。

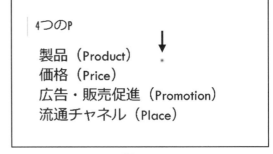

図 7-8

　①　[スライドショー]タブー[スライドショーの開始]グループー[最初から]ボタンをクリックしてスライドショーを実行します。

　②　 Ctrl ＋ L キーを同時に押します（Laser の"L"です）。赤いポインターが出現します（図 7-8）。レーザーポインター機能を終了するには Esc キーを押してください。

（2）発表者ツールでの表示

　スライドショー実行中に発表者ツールが表示されている場合、上記の Ctrl ＋ L キーでレーザーポインターが出現します。または、発表者ツールの左下にある 1 番目のアイコンをクリックするとメニューが出現しますので[レーザー ポインター(L)]を選択します（図 7-9、図7-10）。なお、右クリックメニューからでも[ポインター オプション]で同様のメニューが出現します。

図 7-9

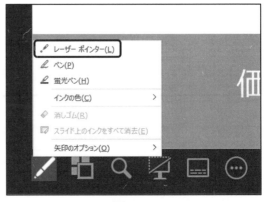

図 7-10

58 スライドショー中のペン書き

Ctrl + P キー

(1) ペン書きをするには

① Ctrl + P キーを同時に押すと(Pen の "P"です)、マウスポインターが矢印から赤色の点に変化します。マウスの左ボタンを押しながらマウスを動かすと、フリーハンドで絵が描けます(図 7-11)。

② スライドショー実行時では、画面左下の[スライドショー]ツールバーの3番目に矢印やペンなどの形をしたショートカットのアイコンが表示されています(見えない場合はマウスを左右に動かしてください)。左から3番目のペンの形をしたボタンをクリックすると、ペンの種類や色が選べます(図 7-12)。

③ デフォルトではペンは赤の[ペン]ですが[蛍光ペン]にも変更できます。

(2) ペン書きを消すには

① Ctrl + E キーを同時に押すとペンが消しゴムになります(Eraser の"E"です)。

(3) ペン書きを解除するには

① ペン書きが有効になっていると、次のスライドや動作に移動するときにマウスクリックが使えません(キーボードからの操作は可能です)。マウスポインターに戻すためには Ctrl + A キーを同時に押します。または、スライドショー実行中に左下の[スライドショー]ツールバーからペン機能をもう一度選択してモードを解除してください。

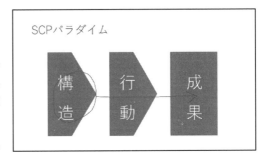

図 7-11

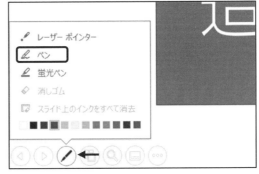

図 7-12

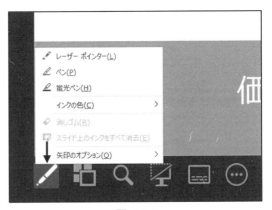

図 7-13

(4) 発表者ツールでの操作

発表者ツールの左下にある 1 番目のアイコンをクリックするとメニューが出現しますので[ペン(P)]を選択します(図 7-13)。なお、上記のショートカットキーでも操作は可能です。

59   スライドショーへの書き込み保存

スライドショー終了時に【インク注釈の保持】

(1) インク注釈の保持

① スライドショー実行中にペン書きなどをした場合、スライドショー終了時に[Microsoft PowerPoint]ダイアログボックスに[インク注釈を保持しますか？]と出ます。書き込みを残す場合にはこのとき[保持(K)]ボタンをクリックします（図 7-14）。

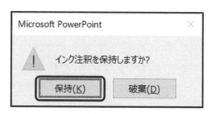

図 7-14

② 例のようにプレゼンテーション中に書き込みしたものをインク注釈として保持した場合は、「インク」としてスライド上に保持されています（図 7-15、図 7-16）。

③ インクは通常の図形オブジェクトと同じように、サイズを変更したり色を変更したりすることも可能です。

④ 保持したインクをクリックすると、[図形の書式]タブ／[書式]タブが出現します。[図形のスタイル]－[図形の枠線]で、保持したインクの変形や色の変更などができます。

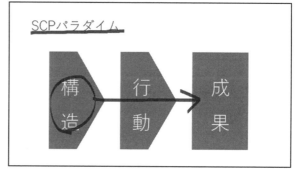

図 7-15

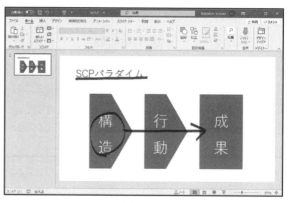

図 7-16

60　スライドショーの記録

【スライドショー】▶【設定】▶【スライドショーの記録】

(1) スライドショーを記録

　パソコンにマイクや Web カメラが接続されている場合、プレゼンテーションの音声内容（ナレーション）や、カメラからの映像をナレーションとともに記録することができます。

図 7-17

　① ［スライドショー］－［設定］－［スライドショーの記録］ボタンをクリックします（図7-17）。最初のスライドから記録を開始する場合には［スライドショーの記録］の▼ボタンをクリックして［先頭から記録...(B)]を選択します。

図 7-18

　② スライドショーを記録する画面になりますので、左上の［記録を開始ボタン］をクリックして録画を開始します（図 7-18、図 7-19）。

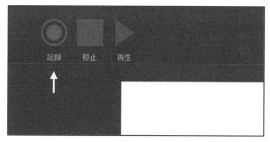

図 7-19

　③ パソコンに Web カメラが接続されている場合は、右下にあるアイコンの 2 番目の［カメラを有効にする］ボタンをオンにしてカメラからの映像も同時に録画が可能です（図 7-20）。映像のプレビューがスライドに表示されます。プレビューを表示したくない場合は、右隣の［カメラのプレビューをオフにする］ボタンでオフにします。

　④ 記録が終わったら、右上の×で終了します。

※ 次のスライドが切り替わるタイミングでは音声が記録されず途切れてしまうので、ナレーションを録音する際には気をつけてください。

図 7-20

61　ノート機能の利用

ステータスバーからノートを表示して編集

(1) ノート機能

プレゼンテーションをする際に話す内容をどこかにメモをしておきたいことがあります。PowerPoint では[ノート]機能というスライドには表示されないメモを記録しておくことが可能です。プロジェクター等にスライドショー画面を表示しておき、パソコン上の[発表者ツール]上ではこのノートの内容を自分だけに表示させることができます。

① ステータスバーから[ノート]ボタンをクリックします(図 7-21)。

② スライドペインの下にノートを入力する領域が出現します(図7-22)。このノートペインにメモを記入します。改行や箇条書きも利用できます(図 7-23)。

図 7-21

③ ノートペインに記入した内容はプレゼンテーションで表示されるスライドには表示されません。プレゼンテーション時にノートの内容を自分(発表者)だけに表示したい場合は[発表者ツール]を利用します。[発表者ツール]の表示方法は「**55　スライドショーの実行**」を参照してください。また、メモの内容をスライドとともに印刷することも可能です。印刷については「**63　スライドとノートの印刷**」も参照してください。

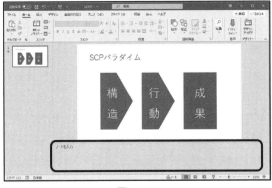

図 7-22

図 7-23

PowerPoint

Chapter 8
印刷・その他

62 スライドの印刷

【ファイル】▶【印刷】

(1) 印刷をする

① [ファイル]タブ－[印刷]を選びます(図 8-1)。このまま印刷ボタンをクリックすると、1 枚の紙に1 枚のスライドが印刷されます。

② デフォルトでは 1 枚の紙にスライド 1 枚を印刷する設定([フルページ サイズのスライド])になっていますので、印刷レイアウトを[配布資料]に変更すると無駄がありません。[フル ページ サイズのスライド]となっている部分を

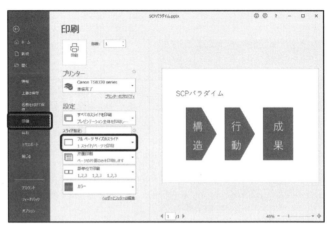

図 8-1

クリックして、[配布資料]のグループから1 枚の紙に何枚のスライドを印刷するか選択します(図 8-2)。

③ 特定のページのみを印刷したい場合は、[スライド指定]にスライドのページ番号を指定します。1 枚目のスライドなら「1」と入力し、1 枚目から 5 枚目までのスライドを印刷する場合は「1-5」と[スライド指定]ボックスに入力します(図 8-3)。

図 8-2

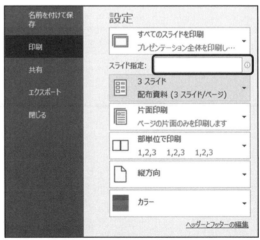

図 8-3

63 スライドとノートの印刷

【ファイル】▶【印刷】▶【印刷レイアウト】▶【ノート】

(1) スライドとノート部分を印刷するには

① ［ファイル]タブー[印刷]を選びます。[印刷]の Backstage ビューが表示されますので、[印刷レイアウト]を[フル ページ サイズのスライド]から[ノート]へと変更します(図 8-4)。

② プレビューがスライドからノートに変わります。スライドの下にノート部分がレイアウトされます(図 8-5)。

図 8-5

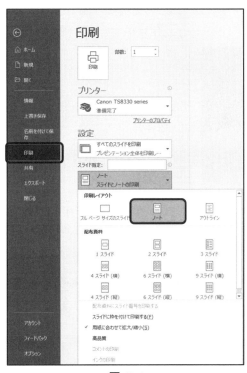

図 8-4

Column 印刷されるノート部分のレイアウト設定

　[表示]-[マスター表示]-[ノートマスター]で印刷されるノート部分のレイアウトを変更することができます。[ノートマスター]タブになりますので用紙(ノート)の向きや、ヘッダーやフッターの変更など詳細な設定が可能になります。[ノートマスター]の編集を終了するには[ノートマスター]タブ-[閉じる]グループ-[マスター表示を閉じる]をクリックします。ノートについては「**61 ノート機能の利用**」も参照してください。

64　日付やページ番号を挿入して印刷

【挿入】▶【テキスト】▶【ヘッダーとフッター】

(1) [ヘッダーとフッター]ボタンから指定する

① [挿入]タブ−[テキスト]グループ−[ヘッダーとフッター]をクリックします(図 8-6)。

図 8-6

② [ヘッダーとフッター]ダイアログボックスが表示されますので[ノートと配布資料]タブに移動します。

③ [日付と時刻(D)]と[ページ番号(P)]のチェックボックスにチェックを入れます(図 8-7)。

④ [すべてに適用(Y)]ボタンをクリックします。

⑤ [ヘッダーとフッター]ダイアログボックス内の右に表示されるプレビュー画面からヘッダーおよびフッターに入れたい文字の位置がおおよそわかります(図 8-7)。

図 8-7

⑥ 実際にどのように印刷されるかを確認するには、[ファイル]タブ−[印刷]から表示されるプレビューを見るとイメージがつかめます(図 8-8)。なお、スライド内にスライド番号や日付を入力したい場合には「**18 スライド番号の表示**」を参照してください。

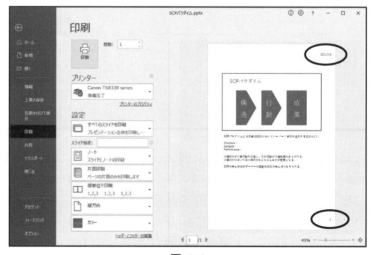

図 8-8

65　スライドを PDF で保存

【ファイル】▶【エクスポート】▶【PDF/XPS ドキュメントの作成】▶【PDF/XPS の作成】

（1）PDF ファイルとして保存するには

[ファイル]タブ－[エクスポート]－[PDF/XPS ドキュメントの作成]－[PDF/XPS の作成]ボタンをクリックします（図8-9）。

① 保存先を指定して、ファイルの種類(T)に[PDF]を選びます（図8-10）。

② [オプション(O)]ボタンをクリックします（図8-

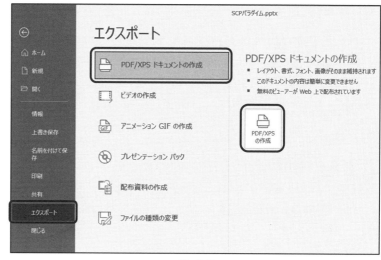

図 8-9

10）。発行対象を[スライド]とした場合、1 ページが 1 枚のスライドとして PDF ファイルが作成されます。PDF ファイルが印刷を前提とした配布資料として使われるのであれば、発行対象(W)を[配布資料]とします。[配布資料]の場合、1 ページあたりのスライド数も設定しておきます。デフォルトでは 6 ページが 1 枚の配布資料となります（図8-11）。

図 8-10

図 8-11

66　別のスライドやファイルなどへのリンク

【挿入】▶【リンク】▶【動作】

(1) スライドへのハイパーリンクを設定するには

① 図形やプレースホルダーを選択します。ここではスライド右下の図形に対して動作を設定します（図 8-12）。

② [挿入]タブ－[リンク]グループ－[動作]ボタンをクリックします（図 8-13）。

③ [オブジェクトの動作設定]ダイアログボックスで[ハイパーリンク(H)]のラジオボタンにチェックを入れます（図 8-14）。

④ ▼をクリックして[スライド]を選択します。次に移動したいスライドの場所を指定します（図 8-14）。スライドを選択するウインドウが出るので移動したいスライドを指定します。

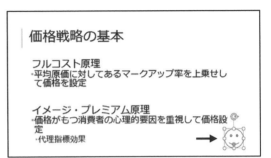

図 8-12

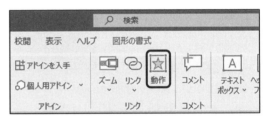

図 8-13

(2) Excelファイルなどへのハイパーリンクを設定するには

① [オブジェクトの動作設定]ダイアログで[ハイパーリンク]のラジオボタンをオンにします。

② ▼をクリックして[その他のファイル…]を選択します。

③ リンクしたいファイル名を指定します。

④ スライドショー実行時には、ハイパーリンクが設定されているオブジェクトに対し、マウスポインターが指の形になります。

⑤ リンクからファイルを開く際にファイルが信頼できるものかどうか（安全な場所にあるかどうか）を尋ねるダイアログボックスが出現することがあります。[OK]ボタンまたは[はい]をクリックするとファイルが開きます。

図 8-14

Word

Chapter 0
Word とは何か

0-1 Word とは何か

文書を効率的に作成するアプリケーションソフト

　Word は、文書を効率的に作成するために特化されたアプリケーションソフトです。ほかの
アプリケーションでもそうですが、いきなり使おうとしてもうまくは使えません。日常的に利用
し、普段から操作に慣れていることが大切です。また、利用しやすい設定も知っておく必要
があります。

(1) オプション設定

　Word を有効に効率的に使うためには、オプション設定が重要になります。ここでは、2 つ
の重要なオプション設定（入力オートフォーマットとオートコレクト）を紹介します。

　① ［ファイル］タブ－［オプション］をクリックします。

　② 左の領域から［文章
校正］を選択し、右の領
域の［オートコレクトのオ
プション］ボタンをクリック
します（図 0-1）。

図 0-1

　③ ［オートコレクト］ダイアログボックスの［入力オートフォーマット］タブでは、多くのチェッ
クを外したほうが使いやすいです。初期状態は図 0-2、おすすめ設定は図 0-3 です。

オートコレクト	
オートコレクト　数式オートコレクト　**入力オートフォーマット**　オートフォーマット	
入力中に自動で変更する項目	
☑ 左右の区別がない引用符を、区別がある引用符に変更する	☑ 序数 (1
☐ 分数 (1/2, 1/4, 3/4) を分数文字 (組み文字) に変更する	☑ ハイフン
☐ '*'、'_' で囲んだ文字列を '太字'、'斜体' に書式設定する	☑ 長音と
☑ インターネットとネットワークのアドレスをハイパーリンクに変更する	
☐ 行の始まりのスペースを字下げに変更する	
入力中に自動で書式設定する項目	
☑ 箇条書き (行頭文字)	☑ 箇条書
☑ 罫線	☑ 表
☐ 既定の見出しスタイル	☐ 日付ス
☑ 結語のスタイル	
入力中に自動で行う処理	
☑ リストの始まりの書式を前のリストと同じにする	
☑ Tab/Space/BackSpace キーでインデントとタブの設定を変更する	
☐ 設定した書式を新規スタイルとして登録する	
☑ かっこを正しく組み合わせる	
☐ 日本語と英数字の間の不要なスペースを削除する	
☑ '記' などに対応する '以上' を挿入する	
☑ 頭語に対応する結語を挿入する	

図 0-2

オートコレクト	
オートコレクト　数式オートコレクト　**入力オートフォーマット**　オートフォーマット	
入力中に自動で変更する項目	
☐ 左右の区別がない引用符を、区別がある引用符に変更する	☐ 序数 (1
☐ 分数 (1/2, 1/4, 3/4) を分数文字 (組み文字) に変更する	☐ ハイフン
☐ '*'、'_' で囲んだ文字列を '太字'、'斜体' に書式設定する	☐ 長音と
☐ インターネットとネットワークのアドレスをハイパーリンクに変更する	
☐ 行の始まりのスペースを字下げに変更する	
入力中に自動で書式設定する項目	
☐ 箇条書き (行頭文字)	☐ 箇条書
☐ 罫線	☐ 表
☐ 既定の見出しスタイル	☐ 日付ス
☐ 結語のスタイル	
入力中に自動で行う処理	
☐ リストの始まりの書式を前のリストと同じにする	
☐ Tab/Space/BackSpace キーでインデントとタブの設定を変更する	
☐ 設定した書式を新規スタイルとして登録する	
☑ かっこを正しく組み合わせる	
☐ 日本語と英数字の間の不要なスペースを削除する	
☑ '記' などに対応する '以上' を挿入する	
☑ 頭語に対応する結語を挿入する	

図 0-3

④ [オートコレクト]タブでは、英文入力をしない場合、チェックを外したほうが使いやすいです（図 0-4）。

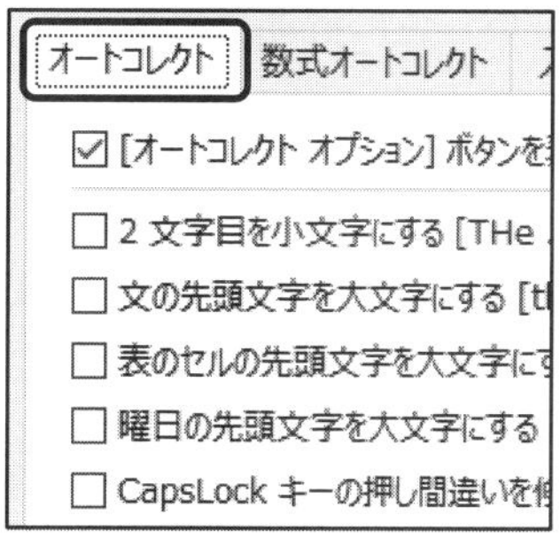

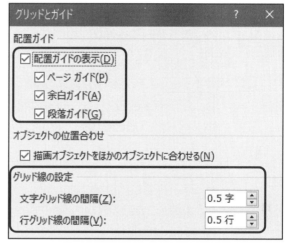

図 0-4

(2) グリッドとガイドの設定

Word では、見えない方眼紙のようなものが存在します。文字や画像などの位置を合わせるためですが、Word の初期設定では不都合なことが多いので、グリッド線の間隔を変更し、配置ガイドを表示しておくことをおすすめします。

① [レイアウト]タブ－[ページ設定]グループ－ 🔲 をクリックします。

② [ページ設定]ダイアログボックスの下部にある[グリッド線]ボタンをクリックします。

③ [配置ガイドの表示]にチェックを付け、グリッド線の設定を「0.5 字」「0.5 行」にします（図 0-5）。

④ 下部にある[既定に設定]ボタンをクリックし、設定を変更するか聞かれたら、[はい]をクリックします。

図 0-5

(3) Word の基本的な機能と操作

文書作成の際の基本的な機能は、Chapter1・Chapter2・Chapter3 で説明しています。スムーズに操作できるようにしておきましょう。

(4) レポートや論文を効率よく作成するには

Word には、長文を作成するのに便利な機能がたくさん用意されています。それらをうまく使いこなすと、レポートや論文の作成が効率的に行えるようになります。

集めた資料を整理し、書きたいことを具体化したら全体の構成を決めます。仮の見出しも考えておきます。その後 Word を使って作成しましょう。

① ページ設定を行います。
   - 25 用紙・余白・文字数などの設定（p.124）

② 仮の見出しを入力して、見出しスタイルを設定します。
   - 36 見出しの設定（p.136）
   - 37 章番号や節番号の設定（p.137）

③ 見出しに沿って、本文を書きます。
   - 32 文章校正と表記ゆれチェック（p.132）
   - 33 文字列の検索と置換（p.133）
   - 38 便利な画面表示（p.138）
   - 39 文章構成の変更（p.139）

④ 必要な表や図を挿入します。
   - Chapter5　表とオブジェクト（p.149）
   - 40 表番号と図番号（p.140）

⑤ 全体の編集を行います。
   - 27 ヘッダー/フッターの表示（p.126）
   - 34 文書全体の書式を統一（p.134）
   - 35 よく使う書式の登録（p.135）
   - 41 脚注の作成（p.141）
   - 42 相互参照の利用（p.142）
   - 43 目次の作成（p.143）
   - 44 段組みの設定（p.144）
   - 45 索引の作成（p.145）
   - 46 引用文献目録の作成（p.146）
   - 47 引用文献一覧の挿入（p.147）
   - 48 ブックマークの利用（p.148）

Column　著作権に注意

　レポートや論文を作成する際は、著作権に注意しましょう。書籍などから引用する場合には、ルールを守り、適切な処理を行う必要があります。著者名・書名/雑誌名・出版者・出版年などを書きます。

　また、インターネットからの情報は、不適切・不明確なものが多いので控えましょう。政府や地方公共団体やその他公的団体などの公表したデータなどを利用する場合、URLや閲覧日などもきちんと記述する必要があります。

Chapter 1
Word の基本と入力

1   Word の画面

通常は、印刷レイアウトで、ルーラーを表示しておく

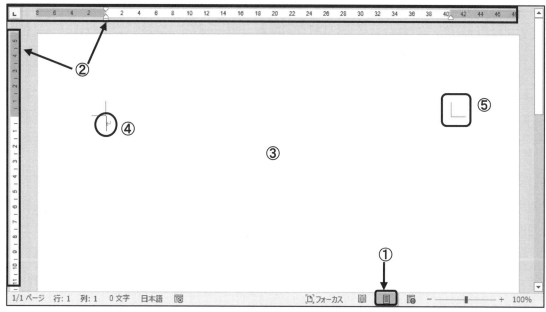

図 1-1

① 印刷レイアウトを表示するボタン

② ルーラー（余白・インデント・タブの設定に必要。初期には表示されていないので、［表示］タブ－［ルーラー］にチェックを付ける）

③ 編集画面（印刷レイアウトの編集画面）

④ カーソル（文字を入力する位置）

⑤ 余白位置を示すマーク（Word のオプションでは「裁ちトンボ」と表示されているが、これは間違った表現）

Column   Word の既定

Word の既定では、A4・横書き・游明朝・10.5pt・行数 36 の用紙が 1 枚表示されます。文字などが増えれば自動的にページが増えます。

2　段落記号と編集記号

段落記号＝段落の区切りを意味する記号、編集記号＝編集に必要な記号

(1) 段落記号

①　 Enter キーを押すと、改行（正しくは改段落）されて段落記号 ↵ が表示されます（図 1-2）。

②　文字が入力されていなくても、段落記号が表示されていれば、Word では段落と扱われます。したがって、図 1-2 では、4 段落となります。

③　段落記号には、その段落の書式（情報）が含まれています。文末の段落記号には、その文書の書式が含まれています。

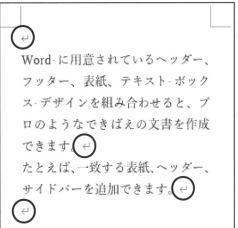

図 1-2

(2) 編集記号

①　タブ

②　空白（全角）

③　任意指定の行区切り（本来の改行、 Shift キー＋ Enter キーで挿入される）

④　アンカー（浮動配置された画像がどの段落に属しているかを表す）

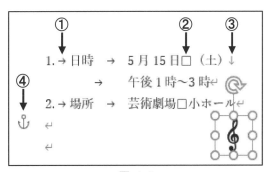

図 1-3

(3) 編集記号の表示の切り替え

[ホーム]タブー[段落]グループー[編集記号の表示/非表示]ボタンをクリックします（図 1-4）。

クリックするたびに表示と非表示が切り替わります。編集中は、必ず表示しておきましょう。

図 1-4

3　文字や段落の選択

ドラッグ、左余白でクリック、 Ctrl キー/ Shift キーを利用

(1) マウスで選択するには

① 文字を選択するには、文字をドラッグします（図1-5 ①）。文字上でダブルクリックすると、1つの単語を選択できます。

② 行を選択するには、左余白でクリックします（図1-5 ②）。上下にドラッグすれば複数行を選択できます。

③ 段落を選択するには、左余白でダブルクリックします（図1-5 ③）。

④ ブロックを選択するには、 Alt キーを押しながらドラッグします（図1-5 ④）。 Alt キーを先に押してください。

⑤ 文書全体を選択するには、左余白でトリプルクリックします。 Ctrl キー＋ A キーを押しても文書全体を選択できます。All の【A】と覚えます。

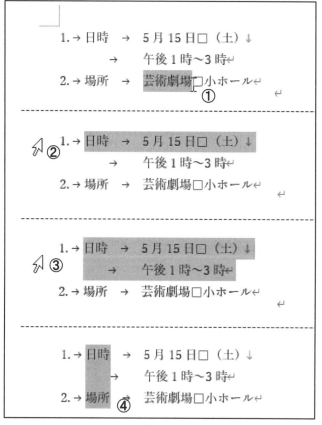

図 1-5

※ Ctrl キーを押しながらクリックやドラッグすると、離れた場所を選択できます。

(2) キーで選択するには

① 選択範囲の始めにカーソルを置き、 Shift キーを押しながら矢印キーを押します。行き過ぎた場合には、逆方向の矢印キーを押します。

(3) 広い範囲を選択するには

① 選択範囲の始めにカーソルを置き、選択範囲の終わりで Shift キーを押しながらクリックします。

4   フォントの選択

【ホーム】▶【フォントボックス】

(1) フォントを選択するには

① 文字列を選択し、[ホーム]タブ−[フォントボックス]の▼から選びます（図 1-6）。

(2) 見出しのフォントと本文のフォント

フォントボックスには、「見出し」「本文」の表示
があるフォントがあります（図 1-6）。これは、テー
マで設定されているフォントで、[レイアウト]タブに
ある[テーマ]を変更すると、このフォントも変更さ
れるので、これは使わないようにしてください。

図 1-6

(3) 等幅フォントとプロポーショナルフォント

等幅フォントは、どんな文字種も 1 字の幅
が同じですが、プロポーショナルフォント（フォ
ント名に「P」が付くもの）では、文字の幅に合
わせて表示され、空白なども幅が変わりま

□プロポーショナル	ｗｗｗ	ｉｉｉ
⛝プロポーショナル	www	iii

図 1-7

す。図 1-7 では、上の行が MS ゴシック、下の行が MS P ゴシックです。状況に応じて使い分
けましょう。

Column 游フォントにおける注意事項

游フォントでは、行数を増やすと、1 ページに収まら
なくなります。また、フォントサイズを 11 以上にして
も、行間隔が広くなりすぎてしまいます。あらかじめ、
MS 明朝などを指定しておくとトラブルが防げます。

① [ホーム]タブ−[フォント]グループの 🔲 をク
リック。日本語用のフォント・英数字用のフォントを
指定して（図 1-8）、下部にある[既定に設定]をクリ
ックします。

② この文書だけか、今後すべての文書にも反映さ
せるのかを選んで[OK]をクリックします（図 1-9）。

図 1-8

図 1-9

5　カーソルの位置

ステータスバーで確認

(1) ステータスバーに位置を表示するには

①　ステータスバーを右クリックし、表示されたメニューの上部にある[行番号]と[列]とをクリックしてチェックを付けます（図 1-10）。

②　ステータスバーに、カーソルを置いたところの位置が表示されるようになります（図 1-11）。

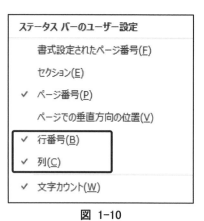

図　1-10

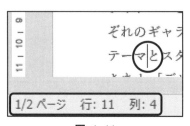

図　1-11

(2) 文書中に行番号を表示するには

①　[レイアウト]タブ－[行番号]－[ページごとに振り直し]を選択します（図 1-12）。

②　左余白に行番号が表示されました（図 1-13）。

※　「連続番号」にすると、文書全体に通し番号が振られます。

※　この行番号は印刷されます。印刷したくない場合は、行番号を「なし」にします。

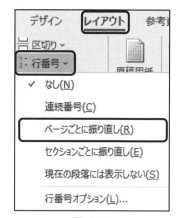

図　1-12

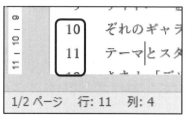

図　1-13

6　文字数のカウント

ステータスバーで確認

(1) 文書全体の文字数を簡単に知るには

① ステータスバーで確認します（図 1-14）。

※ ステータスバーで表示される数値は、正確なものではありません。正確に知るには、下記（3）を参照してください。

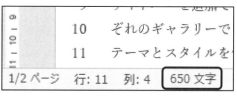

図 1-14

(2) 選択した部分の文字数を知るには

① 文章を選択します。

② ステータスバーで確認します（図 1-15）。文書全体のうちのどれくらいかが表示されます。

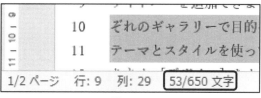

図 1-15

※ 正確に知るには、（3）を参照してください。

(3) 文字数の詳細を知るには

① ステータスバーの文字数が書かれている場所をクリックします（図1-14・15の囲み部分）。

② ［文字カウント］ダイアログボックスで確認します（図 1-16）。

③ ステータスバーの文字数は、実は単語数であることがわかります。文書中の英単語は 1 単語として数えられるので、このような表記となります。正確な文字数を確認するには注意が必要です。

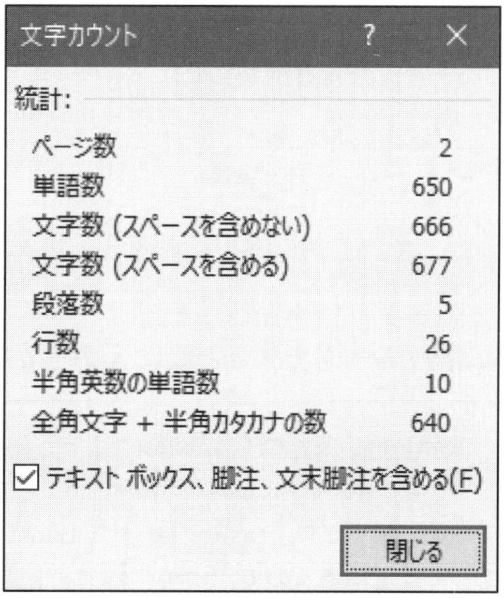

文字カウント	? ✕
統計:	
ページ数	2
単語数	650
文字数 (スペースを含めない)	666
文字数 (スペースを含める)	677
段落数	5
行数	26
半角英数の単語数	10
全角文字 + 半角カタカナの数	640

☑ テキスト ボックス、脚注、文末脚注を含める(F)

閉じる

図 1-16

7　効率の良い入力

言語バーの機能を利用

(1) 読みがわからない漢字を入力するには

① 画面右下の通知領域に表示されているIMEアイコン「あ」を右クリックして、[IME パッド]を選択します（図 1-17①）。

② [手書き] 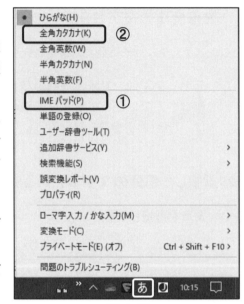 をクリックし、マウスで文字を書くと、候補の漢字が表示されるので、挿入する文字をクリックします。読みも表示されます（図 1-18）。

③ うまく表示されなかったら、いったん消去して書き直します。

※ [総画数] 画 や[部首] 部 をクリックして探すこともできます（図 1-18）。

図 1-17

(2) カタカナだけを入力するには

① 図 1-17 の②を選択します。

② 「あ」が「カ」に変わります。カタカナだけの入力ができます。

③ 終わったら、「カ」を右クリックして、ひらがなに戻します

図 1-18

※ なお、ここで説明した言語バーの機能は、Word の機能ではありません。

Column　入力すると既に入力してあった文字が消えてしまう

　文字を挿入したつもりが消えてしまうことがあります。これは、上書きモードになったためです。キーボードの Insert キー（ Ins と表示されていることもあります）を押すと元の挿入モードに直ります。 Delete キーや Backspace キー（ BS と表示されていることもあります）のすぐそばにあるので、うっかり触れてしまうことが原因です。

8　　よく使う言葉の登録

（A）辞書登録　（B）クイックパーツに登録

　よく使う言葉は、IME の辞書に登録しましょう。書式や図も含めて登録するにはクイックパーツが適しています。IME の辞書登録は、Word だけでなくほかのアプリでも利用できます。

(1) よく使う言葉を辞書登録するには

① 画面右下の通知領域に表示されている IME アイコン「あ」を右クリックして、［単語の登録］を選択します（前ページ図1-17）。

② 簡単な読みを入力して、［登録］ボタンをクリックし（図1-19）、閉じます。

③ これでその読みを入力して変換すると、その文字列が表示されるようになります。

図 1-19

(2) 書式や図も含めてクイックパーツに登録するには

① 図や書式も含めて選択し、［挿入］タブー［クイックパーツの表示］から、［選択範囲をクイックパーツギャラリーに保存］を選択します（図1-20）。

② 登録する名前を入力して［OK］ボタンをクリックします。

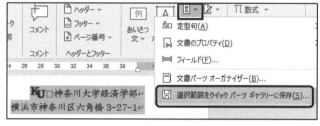

図 1-20

③ 文書に挿入するには、［クイックパーツの表示］から登録したパーツを選択します（図1-21）。

※ Wordを閉じるときに「Building Blocks.docx」を保存するか聞かれるので、［はい］をクリックしてください。

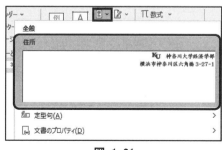

図 1-21

※ 登録したクイックパーツを削除するには、［クイックパーツ］－［文書パーツオーガナイザー］を選択し、表示されたダイアログボックスから削除します。

9　記号の入力

(A)読みを入力して変換　(B)【挿入】▶【記号と特殊文字】

(1) 読みを入力して変換するには

① たとえば、「ゆうびん」と入力して変換します（図1-22）。

※ そのほか、「まる」「さんかく」「しかく」「ほし」「おんぷ」など
さまざまな言葉で変換できます。「きごう」と入力するとたく
さんの記号が表示されます。

※ ［環境依存］と表示があるものは、Windows以外のコンピュ
ータでは表示されない恐れがあります。

※ 変換候補が多い場合は、スペースキーを2回押してから
　Tab　キーを押すと、表示領域が広がるので探しやすくな
ります。

図 1-22

(2) 文字変換では表示されない記号を入力するには

① ［挿入］タブ－［記号と特殊文字］－［その他の記号］を選択
します（図1-23）。

② ［種類］の▼をクリックして種類を選びます（図1-24）。

③ 目的の記号が見つかったら、選択して、［挿入］ボタンをクリ
ックします。ダブルクリックしても挿入できます。

④ 挿入が終わったら、［閉じる］ボタ
ンで閉じます。

図 1-23

図 1-24

10   累乗や分数の入力

(A)【ホーム】▶【上付き】または【下付き】 (B)【挿入】▶【数式】

(1) X² を入力するには

① 「X2」と入力して、「2」を選択します。

② ［ホーム］タブ−［上付き］ボタンをクリックします（図 1-25）。

③ ［下付き］ボタンをクリックすると、X₂ のようになります。

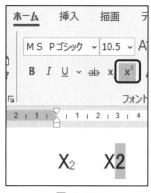

図 1-25

(2) 分数を入力するには

① ［挿入］タブ−［数式］ボタンをクリックします（図 1-26）。

図 1-26

② ［数式］タブ/［デザイン］タブ−［分数］から適切なスタイルを選択します（図 1-27）。

③ 数字を入力します（図 1-28）。

④ あとから修正するには、挿入した分数をダブルクリックします。

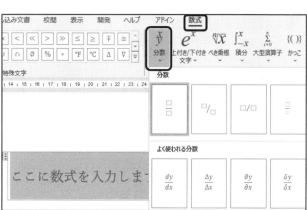

図 1-27

※ ［数式］タブ/［デザイン］タブからはそのほかさまざまな数式を入力できます。
Microsoft365 では、［数式］タブですが、Office2019 では、数式ツールの［デザイン］タブとなります。

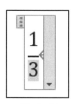

図 1-28

11　数式の入力

【挿入】▶【数式】の▼から選ぶ

(1) 組み込みの数式を利用するには

① ［挿入］タブ－［数式］右の▼から選びます（図 1-29 (1)）。

② 数式コンテンツコントロール右端の▼の部分をクリックすると、保存したり形式を変えたりできます。数式全体を選択するには、　をクリックします（図 1-30）。

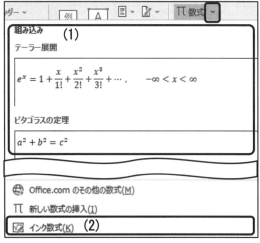

図 1-29

(2) 手書きで入力するには

① 上記手順①で、下部に表示される［インク数式］をクリックします（図 1-29 (2)）。

② 数式をマウスで書きます。入力項が多いほど数式が正しく認識されます。修正するには、左下にあるボタンを使います（図 1-31）。

③ 完成したら、［挿入］ボタンをクリックします。

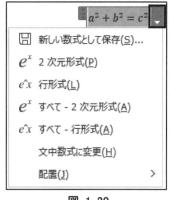

図 1-30

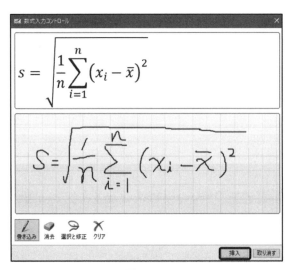

図 1-31

Word

Chapter 2
文字書式と段落書式

12　蛍光ペンと傍点

【ホーム】▶【フォントグループ】▶【蛍光ペンの色】/【フォントダイアログボックス】

(1) 蛍光ペンを使うには

①　［ホーム］タブ－［蛍光ペンの色］の▼をクリックして、色を選びます（図 2-1）。

②　マウスポインターを確認して、文字をドラッグします（図 2-2）。連続して使えます。設定したところを再度ドラッグすると、消すことができます。

③　蛍光ペンモードを解除するには、 Esc キーを押すか、［蛍光ペンの色］ボタンをクリックします。

図 2-1

図 2-2

(2) 蛍光ペンの色を消去するには

①　［蛍光ペンの色］の▼をクリックして、［色なし］を選びます（図 2-1）。

②　マウスポインターを確認して、ドラッグします。 Esc キーを押すか、［蛍光ペンの色］ボタンをクリックして蛍光ペンモードを解除します。

※　1 か所だけ色を付けるには、文字を選択してから、蛍光ペンの色を選ぶこともできます。

(3) 傍点を付けるには

①　文字列を選択してから、［ホーム］タブ－［フォント］グループにある 🔽 をクリックします。

②　［フォント］タブにある［傍点］から「・」か「、」を選びます（図 2-3）。

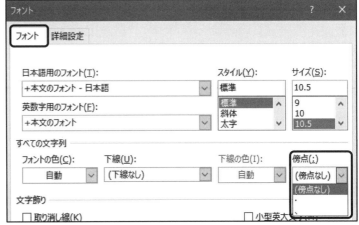

図 2-3

13　ふりがな

【ホーム】▶【フォントグループ】▶【ルビ】

（1）ふりがなを付けるには

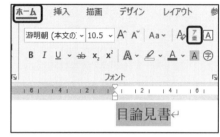

①　文字列を選択して、[ホーム]タブ－[ルビ]ボタンをクリックします（図 2-4）。

②　[ルビ]ダイアログボックスで、ルビを確認して、[OK]ボタンをクリックします（図 2-5）。

図 2-4

※　ふりがなを付けると行高が変わります。調整するには、行間を固定値にして適切な間隔を指定します（**24　行間隔の調整**（3）を参照）。

（2）ふりがなを変更するには

①　[ルビ]ダイアログボックスで修正します。読み方のほか配置やフォントなども変更できます（図 2-5）。

②　必要な変更が終わったら、[OK]ボタンをクリックします。

（3）ふりがなを削除するには

①　[ルビ]ダイアログボックスで[ルビの解除]ボタンをクリックします（図 2-5）。

図 2-5

（4）同じ文字列すべてにまとめてふりがなを付けるには

①　[ルビ]ダイアログボックスで、[すべて適用]ボタンをクリックします（図 2-5）。

②　[ルビの変更確認]ダイアログボックスで、[すべて変更]ボタンをクリックします。1 つずつ確認しながら変更するには、[変更]ボタンをクリックします。[次を検索]ボタンでは検索だけができます（図 2-6）。

図 2-6

14　全角/半角、大文字/小文字の変換

【ホーム】▶【フォントグループ】▶【文字種の変換】

(1) 全角文字を半角文字に変換するには

① 文字列または範囲を選択します。

② ［ホーム］タブ－［文字種の変換］ボタンをクリックして、［半角］を選択します（図2-7）。

※ 同様の操作で、他の文字種への変換ができます。

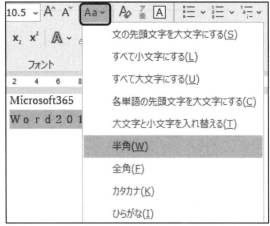

図 2-7

Column 文字種を変換する際の注意

　カタカナが含まれた文書全体で全角を半角に変換するとき、選択した範囲によってはカタカナまでが半角に変換されてしまいます。次の手順で、全角の英数字と記号だけを半角に変換できます（図2-8）。

① F5キーを押す。

② ［検索］タブで、検索する文字列に［！-～］と入力する（！と～は全角、それ以外は半角）。数値だけを変換するには、［0-9］と入力する。

③ ［オプション］ボタンをクリック、検索方向を［文書全体］、［ワイルドカードを使用する］にチェックする。

図 2-8

④ 検索する場所で［メイン文書］を選択する。

⑤ 全角英数字と記号が選択されるので、文書上をクリックしてから、変換する。

15　文字間隔と文字位置の調整

【ホーム】▶【フォントグループ】▶ 🔲 ▶【フォントダイアログボックス】▶【詳細設定】

(1) 文字間隔を狭くするには

① 文字列を選択します。

② ［ホーム］タブ－［フォント］グループの 🔲 をクリックします。

③ ［フォント］ダイアログボックスの［詳細設定］タブで、［文字間隔］を「狭く」し、プレビューで確認しながら［間隔］を調整します（図 2-9）。

※ この操作は、ひらがな・カタカナ・半角英数字などの微妙な調整を行うのに適しています。

(2) 文字位置を調整するには

① 文字列を選択して、［フォント］ダイアログボックスを表示します。

② ［詳細設定］タブで、［位置］を「上げる」か「下げる」を選択し、プレビューで確認しながら［間隔］を調整します（図 2-10）。

※ この操作を行うと、特定の文字列だけのフォントサイズを変更した場合や、小さな図を行内で配置した場合に生じる、でこぼこした行の高さを調整できます。

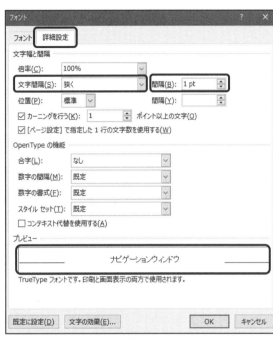

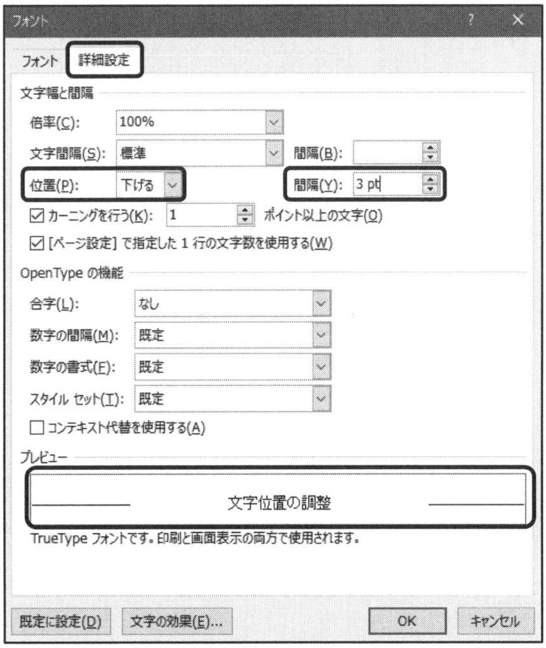

図 2-9

図 2-10

16　指定した範囲で文字を均等に配置

【ホーム】▶【段落グループ】▶【均等割り付け】

(1) 均等割り付けを設定するには

① 文字列を選択します。このとき、段落記号は含まないようにします（図 2-11 ①）。

② ［ホーム］タブ－［均等割り付け］ボタンをクリックします（図 2-11 ②）。

③ ［文字の均等割り付け］ダイアログボックスで文字列の幅を入力して、［OK］ボタンをクリックします（図 2-12）。

④ 均等割り付けされた文字をクリックすると、青い下線が引かれたのが確認できます（図 2-13）。この下線は印刷されません。

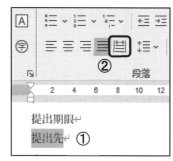

図 2-11

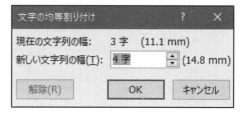

図 2-12

(2) 均等割り付けを解除するには

① 均等割り付けされた文字にカーソルを置きます。

② ［文字の均等割り付け］ダイアログボックスを表示して、［解除］ボタンをクリックします（図 2-12）。

図 2-13

Column　文書の幅やセルの幅に合わせて均等割り付けを行う

段落記号を含めて文字を選択すると、［均等割り付け］ボタンをクリックするだけで、文書の幅に合わせて文字が均等割り付けされます。

表においては、セルを選択して［均等割り付け］ボタンをクリックするだけで、セルの幅に合わせて文字が均等割り付けされます。

17 文字列の配置変更

【ホーム】▶【段落グループ】▶【左揃え】/【中央揃え】/【右揃え】/【両端揃え】/【インデント
を増やす】/【インデントを減らす】

(1) 左揃え/中央揃え/右揃えに設定/解除するには

① 段落内にカーソルを置きます（図 2-14）。

② ［ホーム］タブ-［段落］グループにある、それぞれの
ボタンをクリックします（図 2-14 ①左揃え、②中央揃
え、③右揃え、④両端揃え）。再度クリックするか、［両端
揃え］をクリックすると元に戻ります。

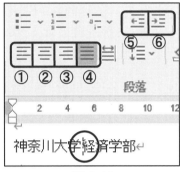

図 2-14

(2) インデントを設定/解除するには

① 段落内にカーソルを置きます。

② ［インデントを増やす］（図 2-14 ⑥）をクリックすると 1 文字分ずつ右に移動し、［インデ
ントを減らす］（図 2-14 ⑤）をクリックすると 1 文字分ずつ左に戻ります。

※ 見出しなどが設定されている段落では、インデントではなくレベルが変更されるので注
意してください。

Column 文字を選択しない理由

　左右の配置は、段落全体で設定されます。そのため、文字を選択する必要がないのです。
何文字かだけを配置したい場合は、その文字だけの段落を作成します。

Column 両端揃えと左揃え

　Word の既定では、両端揃えになっています。これは、左右の余白に合わせて文字を配置
するためです。この機能により、見た目の整った文書ができます。
　左揃えにすると、フォントやフォントサイズ、空白、半角/全角、記号などによって文書の右
余白が微妙にずれて体裁がよくありません。
　まれに、英単語などを含んだ文章では間延びすることもありますが、通常は両端揃えをお
すすめします。

18　箇条書きと段落番号

【ホーム】▶【段落グループ】▶【箇条書き】/【段落番号】

(1) 箇条書き/段落番号を付けるには

①　入力した段落を選択し、[ホーム]タブ−[箇条書き]/[段落番号]の▼から選びます（図2-15）。

②　設定した段落の末尾で Enter キーを押すと、追加できます。不要な場合、再度 Enter キーを押すと削除できます。

図 2-15

(2) 新しい箇条書きを作成するには

①　[箇条書き]の▼をクリックして、[新しい行頭文字の定義]を選択します（図2-15）。

②　[記号]ボタンをクリックして選びます（図2-16）。

※　不要になったら、[行頭文字ライブラリ]で右クリックして削除できます（図2-15）。

図 2-16

(3) 箇条書き/段落番号を解除するには

①　設定された段落を選択するかカーソルを置き、[箇条書き]ボタン/[段落番号]ボタンをクリックします。このボタンは、クリックするたびに設定と解除を繰り返します。

(4) 段落番号を途中から振り直すには

①　振り直したい行の上で右クリックし、[1 から再開]か、[番号の設定]を選択して、任意の番号を指定します（図2-17）。

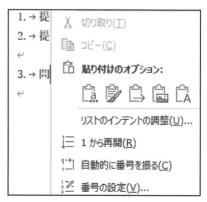

図 2-17

19　自動設定された書式の解除

入力直後にオプションボタンから解除

(1) 自動設定された段落番号のスタイルを解除するには

① 自動設定された直後に、[オートコレクトの
オプション]ボタンをクリックして、[元に戻す−段
落番号の自動設定]を選択します（図 2-18）。

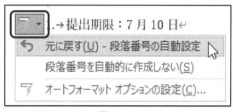

※ `Back Space` キーや `Enter` キーを押して
も自動設定は解除されますが、はじめの行
のタブ設定は戻りません。

図 2-18

※ 今後自動設定する必要がなければ、[段落番号を自動的に作成しない]を選択すると、
オプションを外すことができます。

(2) あらかじめ自動設定されないようにするには

① ［ファイル］タブ−［オプション］を選択します。

② ［Word のオプショ
ン]ダイアログボックス
で、[文章校正]を選択
して、[オートコレクトの
オプション]ボタンをクリ
ックします（図 2-19）。

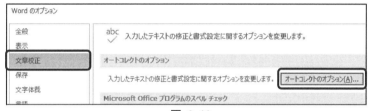

図 2-19

③ ［入力オートフォー
マット]タブの[箇条書
き（行頭文字）]と[箇条
書き（段落番号）]のチ
ェックを外して、[OK]
ボタンをクリックします
（図 2-20）。

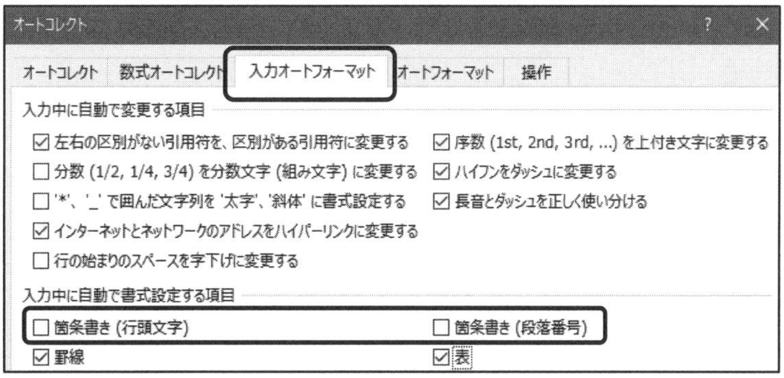

図 2-20

20　行頭や英数字前後のスペースの削除

【ホーム】▶【段落グループ】▶ 🔽 ▶【段落ダイアログボックス】▶【体裁タブ】

　Word では、行頭に括弧が配置されると行頭が少し空きます。また、文中の数字と日本語、英字と日本語では、1/4 程度のスペースが空きます。これをなくしたい場合には、次のような処理を行います。

(1) 行頭のスペースを削除するには

　① 段落にカーソルを置き、[ホーム]タブ－[段落]グループの 🔽 をクリックします（図 2-21。図ではわかりやすくするために選択しています）。

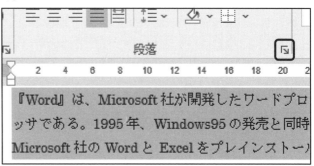

図 2-21

　② [段落]ダイアログボックス－[体裁]タブの[行頭の記号を 1/2 の幅にする]にチェックを付けます（図 2-22 (1)）。

(2) 英数字前後のスペースを削除するには

　① 段落にカーソルを置き、[体裁]タブの[日本語と英字の間隔を自動調整する]と[日本語と数字の間隔を自動調整する]のチェックを外します（図 2-22 (2)）。

(3) 調整した結果

　行頭が揃い、数字と日本語、英字と日本語の微妙なスペースを削除できました（図 2-23）。

図 2-22

図 2-23

21　文字の位置を揃える

Tab キー

(1) 文字の位置を揃えるには

① 揃えたい位置にカーソルを置き、Tab キーを押します（図 2-24）。

※ Tab キーを押すたびに 4 文字ずつ移動します。ルーラー上の 4 の倍数が目安です。

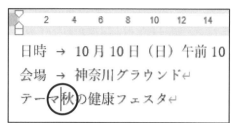

図 2-24

※ → の記号は、Tab キーで配置したことを表します。この記号は編集記号を表示しないと、表示されません（2　段落記号と編集記号(2)(3) を参照のこと）。

(2) 位置揃えを解除するには

① → の記号を削除します。

(3) 位置を変えるには

① 位置揃えをした行を選択します。

② 水平ルーラー上でクリックします（図 2-25）。

③ ルーラー上に［左揃えタブ］ L が表示され、タブ位置が変わります（図 2-26）。

図 2-25

※ L は、ドラッグして位置を変更することができます。

(4) 設定した位置を解除するには

① ［左揃えタブ］ L をルーラーの外にドラッグして消去します。

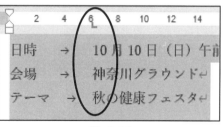

図 2-26

※ ［ホーム］タブ－［段落］グループ－ ▣ －［段落］ダイアログボックスの［タブ設定］ボタンをクリックすると、詳細な設定ができます。

22　ページ余白の変更

(A)【ルーラー】(B)【ページ設定ダイアログボックス】▶【余白】

(1) 左右の余白を変えるには

①　水平ルーラーの左にあるマーカー上でマウスポインターを合わせ、[左余白]の吹き出しが表示されたら、ドラッグします（図 2-27）。

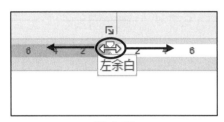

図 2-27

②　水平ルーラーの右にあるマーカー上でマウスポインターを合わせ、[右余白]の吹き出しが表示されたら、ドラッグします（図 2-28）。

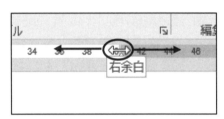

図 2-28

(2) 上下の余白を変えるには

①　垂直ルーラーの上下で、[上余白]または、[下余白]の吹き出しが表示されたら、ドラッグします（図 2-29、図 2-30）。

(3) 余白を数値で指定するには

①　[レイアウト]タブ-[ページ設定]グループにある 🔲 をクリックするか、水平ルーラーの左右の何もないところでダブルクリックします。

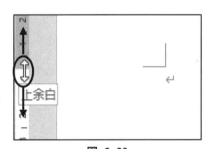

図 2-29

②　[ページ設定]ダイアログボックスの[余白]タブで、数値を変更します（図 2-31）。

図 2-30

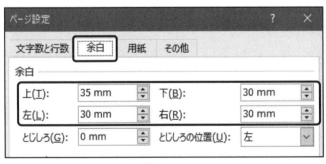

図 2-31

23　行頭/行末の空きの変更

【水平ルーラー】▶ マーカー

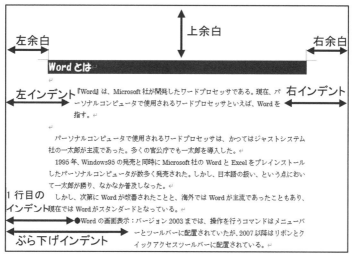

図 2-32【余白・行頭行末のインデント】

(1) 1 行目のインデントを変えるには

① 段落にカーソルを置いて、水平ルーラーのマーカー上で ▽ にマウスポインターを合わせて[1 行目のインデント]の吹き出しが表示されたら、ドラッグします（図 2-33）。

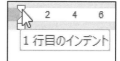

図 2-33

(2) 段落の 2 行目以降のインデントを変えるには

① 段落にカーソルを置いて、△ にマウスポインターを合わせて[ぶら下げインデント]の吹き出しが表示されたら、ドラッグします（図 2-34）。

図 2-34

(3) 左のインデントを変えるには

① 段落にカーソルを置いて、□ にマウスポインターを合わせて[左インデント]の吹き出しが表示されたら、ドラッグします（図 2-35）。

図 2-35

(4) 右のインデントを変えるには

① 段落にカーソルを置いて、△ にマウスポインターを合わせて[右インデント]の吹き出しが表示されたら、左にドラッグします（図 2-36）。

※ 数値で指定するには、**24 行間隔の調整（3）**の※印と図 2-38 を参照してください。

図 2-36

24 行間隔の調整

(1) 行の間隔を変えるには

① 段落にカーソルを置き、[ホーム]タブ－[行と段落の間隔]ボタンをクリックして、数値を選択します（図 2-37。図では 3 段落を選択しています）。

(2) 段落前後の間隔を変えるには

① 段落にカーソルを置き、[段落前に間隔を追加]か、[段落後に間隔を追加]を選択します（図 2-37）。

(3) 行間隔を狭くするには

① 段落にカーソルを置き、[行間のオプション]をクリックするか（図 2-37）、[段落]グループにある 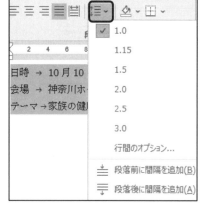 をクリックします。

図 2-37

② [段落]ダイアログボックスの[インデントと行間隔]タブで、[1ページの行数を指定時に文字を行グリッド線に合わせる]のチェックを外します（図 2-38）。もっと狭くするには、[行間]を「固定値」にして、間隔を指定します。

※ この方法で行うと、ページ設定を変えることなく行間隔の調整ができます。

※ [行間]で「固定値」を選択すると、間隔を自由に指定できます。ふりがなを表示した行の調整に使えます。「倍数」にすると、現在の行間に対しての比率で指定できます。

※ ここでは、左右のインデントを字数で設定できます。
1 行目・ぶら下げインデントも設定できます。[最初の行]の「（なし）▼」から選びます。

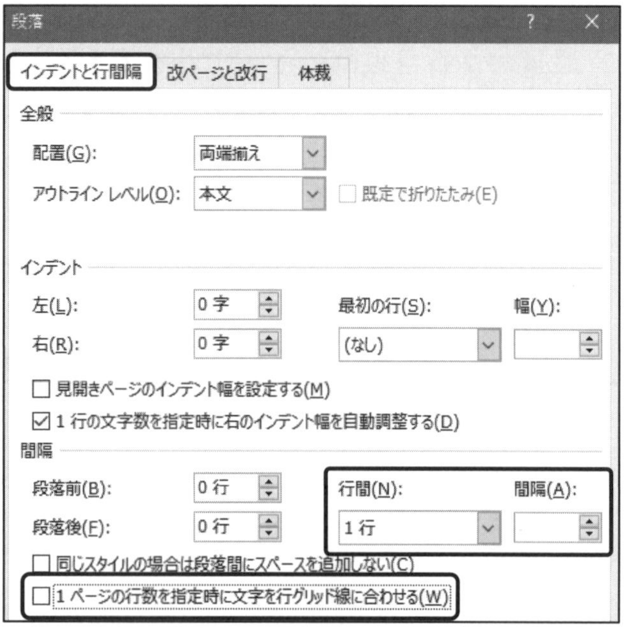

図 2-38

Word

Chapter 3
ページ書式と印刷

25 用紙・余白・文字数などの設定

【レイアウト】▶【ページ設定グループ】

(1) 簡単に設定するには

① 用紙サイズを指定するには[レイアウト]タブ－[ページ設定]グループ－[サイズ]をクリックして選択します（図 3-1 ①）。

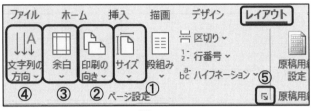

図 3-1

② 用紙の方向を変えるには、[印刷の向き]をクリックして選択します（図 3-1 ②）。

③ 余白を設定するには、[余白]をクリックして選択します（図 3-1 ③）。

④ 縦書き横書きを変更するには、[文字列の方向]をクリックして選択します（図 3-1 ④）。

(2) 文字数、行数を指定するには

① [ページ設定]グループの 🔽 をクリックするか（図 3-1 ⑤）、水平ルーラーの何もないところで、ダブルクリックします。

② [ページ設定]ダイアログボックスの[文字数と行数]タブ－[文字数と行数を指定する]をクリックしてから、[文字数]と[行数]を指定します（図 3-2）。

【注意】行数を 38 以上にした場合、既定のフォント（游明朝）では行間が空きすぎて 1 ページに収まりません。下部にある[フォントの設定]ボタンをクリックして、游フォント以外を選んでください。「MS 明朝」が無難です。または、「24 行間隔の調整（3）」を参考にしてください。

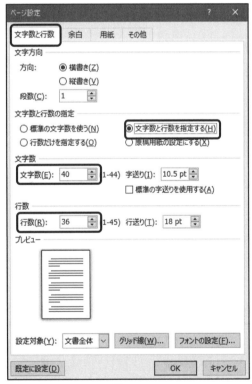

図 3-2

(3) まとめて設定するには

① 上記[ページ設定]ダイアログボックスで、[用紙]タブ→[余白]タブ→[文字数と行数]タブの順に設定します。

26　任意の位置でページ変更とページ設定の変更

【レイアウト】▶【区切り】

(1) 任意の位置でページを変えるには(改ページ)

① 変えたい場所にカーソルを置きます。

② [レイアウト]タブー[区切り]ー[改ページ]をクリックします(図 3-3 (1))。

※ Ctrl キーを押しながら Enter キーを押しても改ページできます。

(2) 任意の位置でページ設定を変えるには(セクション区切り)

① 区切りたい場所にカーソルを置きます。

② [区切り]ー[セクション区切り]の項目から、目的のものを選択します(図 3-3)。

※ セクションを区切ることで、セクションごとにヘッダー/フッターの内容やページ設定を変えることができます。

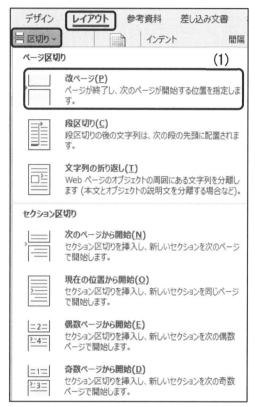

図 3-3

Column　段区切りと文字列の折り返し

[段区切り]は、段組み内で各段の頭を揃えるのに使います。

[文字列の折り返し]は、任意指定の行区切りと同じ動作となり、段落内で改行する場合に使います。 Shift キーを押しながら Enter キーを押すと簡単です。

27 ヘッダー/フッターの表示

ヘッダー領域/フッター領域をダブルクリック

※ ここでは、ヘッダーで解説していますが、フッターも同様の操作です。

(1) ヘッダーを挿入するには

① ヘッダー領域（文書の上余白）をダブルクリックします。

② 必要な文字を入力します。 Tab キーを押すと中央揃え、もう一度押すと右揃えになります（図 3-4）。

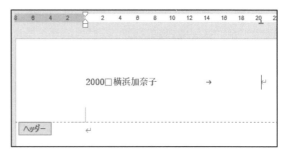

図 3-4

※ ［挿入］タブ－［ヘッダー］－［空白］を選択する方法もあります。［空白（3 か所）］を選んだ場合、使わなかった［ここに入力］という文字は削除してください。印刷されてしまいます。

(2) 本文の編集とヘッダーの編集を切り替えるには

① 本文領域とヘッダー領域のどちらかをダブルクリックすることによって編集を切り替えることができます。

(3) ページ番号を表示するには

① ヘッダー領域を表示した状態で、［ページ番号］をクリックして適切なものを選びます（図 3-5）。

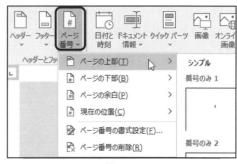

図 3-5

(4) 日付を自動表示するには

① ヘッダー領域を表示した状態で、［日付と時刻］ボタンをクリックします。

② 言語、カレンダーの種類、表示形式を選択して［OK］ボタンをクリックします（図 3-6）。

※ ［自動的に更新する］にチェックを付けると、自動で日付が変わります。

図 3-6

28　ヘッダー/フッターの変更

【ヘッダーとフッター】タブ　/　【デザイン】タブ

図 3-7

(1) 先頭ページだけを変えるには

①　［先頭ページのみ別指定］（図 3-7 (1)）にチェックを付けます。

(2) 奇数ページ、偶数ページで変えるには

①　［奇数/偶数ページ別指定］（図 3-7 (2)）にチェックを付けます。

(3) 見出しごとにページ番号を変えるには

①　見出しごとにセクション区切りを挿入しておきます（26　任意の位置でページ変更とページ設定の変更（2）参照）。

②　［ページ番号］をクリックして（図 3-7 (3)）、ページ番号を挿入しておきます。

③　［ページ番号］－［ページ番号の書式設定］をクリックし、［ページ番号の書式］ダイアログボックスで、開始番号を指定します（図 3-8）。

④　③をセクションごとに繰り返します。

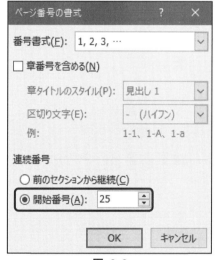

図 3-8

(4) 任意のページからページ番号を表示するには

①　任意のページの先頭にカーソルを置き、セクション区切り（現在の位置から開始）を挿入しておきます。

②　そのページでヘッダー領域を表示し、［前と同じヘッダー/フッター］ボタンをクリックして（図 3-7 (4)）オフにします。フッター領域も同様にオフにします。

③　ページ番号を挿入し、開始番号を指定します（図 3-8）。

29　ヘッダーに見出しを表示

【ヘッダーとフッター】 ／ 【デザイン】 ▸ 【クイックパーツ】 ▸ 【フィールド】

　ヘッダーに見出しを表示するには、フィールドの機能を利用します。

(1) フィールドを表示するには

　① ヘッダー領域を表示しておきます。

　② ［クイックパーツ］－［フィールド］を選択します（図 3-9）。

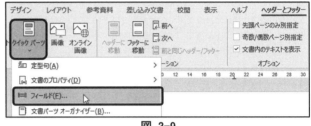

図 3-9

(2) 段落番号を表示するには

　① ［分類］で「リンクと参照」を、［フィールドの名前］で「StyleRef」を、［スタイル名］で表示したいスタイルを選択します（図 3-10 ①）。ここでは、「見出し 1」を選択しています。

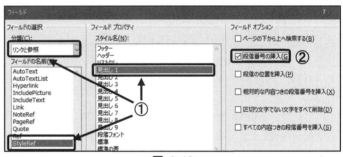

図 3-10

　② 「段落番号の挿入」にチェックを付けて（図 3-10 ②）［OK］をクリックすると、段落番号が表示されます。

(3) 見出しの文字列を表示するには

　① (1) と (2) ①の手順を繰り返して、［OK］をクリックします。「段落番号の挿入」にはチェックを付けないので注意してください。

　※ 段落番号の後ろにスペースを入れておくと、見本（図 3-11）のように見栄え良くできます。

図 3-11

30　ヘッダーやフッターの登録

【ヘッダーとフッター】／【デザイン】▶【クイックパーツ】▶【選択範囲をクイックパーツギャラリーに保存】

(1) ヘッダーを保存するには

① ヘッダー領域を表示し、設定したヘッダー全体を選択します。

② ［クイックパーツ］-［選択範囲をクイックパーツギャラリーに保存］を選択します（図 3-12）。

図 3-12

③ 任意の名前を入力して、［OK］をクリックします（図 3-13）。ここでは、「Report」と入力しました。

図 3-13

(2) 保存したヘッダーを使うには

① ヘッダー領域を表示し、［クイックパーツ］をクリックすると、保存した「Report」が表示されるので、クリックします（図 3-14）。

② ここではエラーの表示が見えていますが、適用するときちんと見出しの書式が反映されています（図 3-15）。見出しの設定がされていない場合は、エラーのままになるので注意してください。

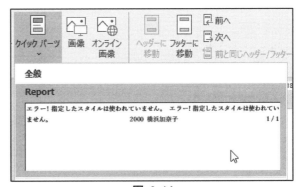

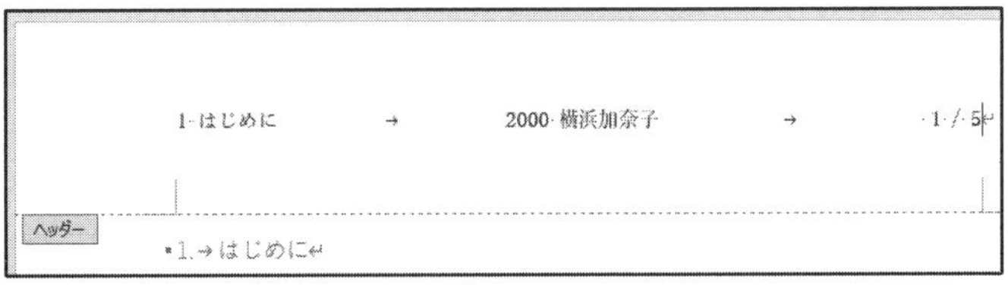

図 3-14

※ Word を閉じるときに、「Building Blocks.docx」について聞かれたら、保存してください。ほかの文書でも使えます。

図 3-15

31   印刷の設定

【ファイル】▶【印刷】

※ あらかじめ、［ファイル］タブ－［印刷］をクリックするか、 Ctrl キーを押しながら P キーを押して、印刷の Backstage ビューを表示しておきます（図 3-16）。

(1) 指定した範囲を印刷するには

① あらかじめ範囲選択しておきます。

② ［すべてのページを印刷］（図の(1)）をクリックして、［選択した部分を印刷］を選択します。

(2) 指定したページを印刷するには

① ページ番号を半角数字で入力します（図の(2)）。連続したページはハイフンでつなぎ、連続していないページはカンマで区切ります。（例） 1-3,6,8

(3) 両面印刷するには

① ［片面印刷］（図の(3)）をクリックして、［両面印刷］を選びます。

(4) 1 枚の用紙に複数ページを印刷 するには

① ［1ページ/枚］（図の(4)）をクリックして、適切なものを選択します。

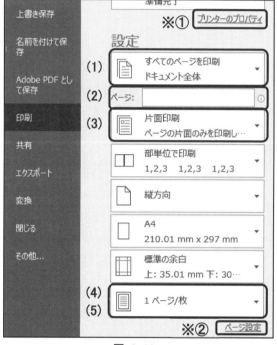

図 3-16

(5) 用紙サイズを変更して印刷するには

① ［1 ページ/枚］（図の(5)）をクリックして、［用紙サイズの指定］から印刷する用紙サイズを選びます。

※ ［プリンターのプロパティ］をクリックすると、接続しているプリンターのプロパティから設定できます（図の※①）。

※ ［ページ設定］をクリックすると、文書のページ設定を変更できます（図の※②）。

Word

Chapter 4
長文の作成

32　文章校正と表記ゆれチェック

F7 キー

　文章中に表示される赤と青の下線は、文章校正の対象であることを示しています。修正しなかった場合でも、この下線は印刷されることはありません。
　文章校正は、完全なものではありません。特に漢字の間違いはチェックされないので注意が必要です。

(1) 設定を確認するには

　① ［ファイル］タブ－［オプション］をクリックします。

　② ［文章校正］の文書のスタイルで、校正のレベルを確認します。［設定］ボタンをクリックすると、文章校正のルールを細かく設定できます（図 4-1）。

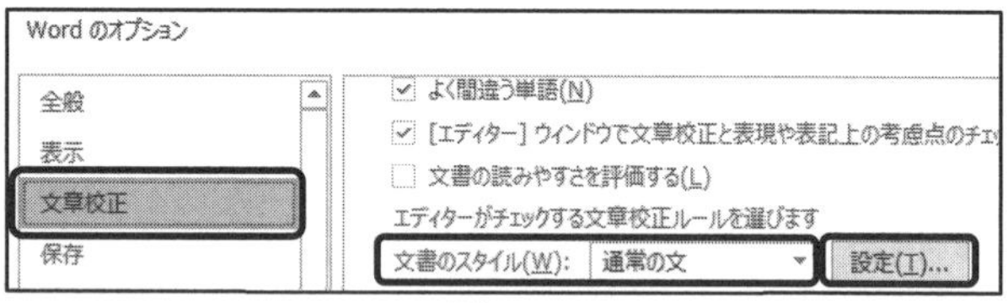

図 4-1

(2) Word 365 で文章校正するには

　① 文頭にカーソルを置き、 F7 キーを押すと［エディター］作業ウィンドウが表示されます（図 4-2）。

　② 修正のある項目をクリックします。修正候補の一覧が表示されたら、適切なものを選びます。なければ、本文中で直接修正します。

　③ 終了すると完了のメッセージが表示されます。

(3) Word 2019 で文章校正するには

　① 文頭にカーソルを置き、 F7 キーを押すと［文章校正］作業ウィンドウが表示されます（図 4-3）。

　② 修正候補の一覧が表示されたら、適切なものを選びます。なければ本文中で直接修正します。

　③ 終了すると完了のメッセージが表示されます。

図 4-2

図 4-3

33 文字列の検索と置換

(A)【ホーム】▶【編集グループ】▶【検索】　(B)【ホーム】▶【編集グループ】▶【置換】

(1) 文字列を検索するには

① 文頭にカーソルを置き、[ホーム]タブー[検索]ボタンをクリックするか(図4-4)、 Ctrl + F キーを押します。

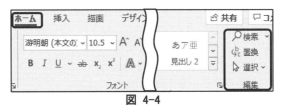

② ナビゲーションウィンドウの検索ボックスに、検索する文字列を入力します(図4-5 ①)。

③ 文書上の該当する文字列にマーカーが付きます(図 4-5 ②)。表示された検索結果(図 4-5 ③)をクリックすると、その個所へジャンプします。

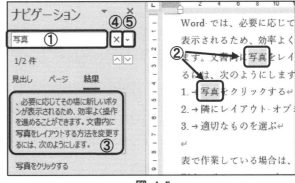

④ 検索結果をクリアするには、[×]をクリックします(図 4-5 ④)。

図 4-5

※ 高度な検索を行うには、[検索]ボタンの▼(図 4-4)または、ナビゲーションウィンドウの▼(図 4-5 ⑤)をクリックして、[高度な検索]を選択します。 F5 キーを押しても表示されます。

(2) ほかの文字列に置き換えるには

① 文頭にカーソルを置いて、[置換]ボタンをクリックするか、 Ctrl + H キーを押します。 F5 キーを押しても構いません。

② 検索する文字列と置換後の文字列を入力します。[置換]ボタンをクリック

図 4-6

して、確認しながら置き換えます。[すべて置換]ボタンをクリックすると、一気に置き換えることができます(図 4-6)。

34　文書全体の書式を統一

【ホーム】▶【スタイルグループ】

(1) 同じ書式を設定するには

① 文字列を選択します。

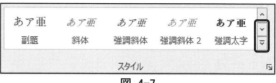

図 4-7

② ［ホーム］タブ－［スタイルギャラリー］右のボタンをクリックして、適切なものを選択します（図 4-7）。

③ 選択した文字列すべてに同じスタイルを適用することで統一がとれます。

(2) ギャラリーにないスタイルを利用するには

① スタイルグループの 🔲 をクリックします（図 4-7）。

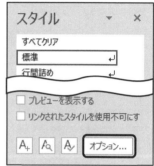

図 4-8

② ［スタイル］作業ウィンドウが表示されるので、［オプション］ボタンをクリックします（図 4-8）。

③ ［スタイルウィンドウオプション］ダイアログボックスで、［表示するスタイル］を「すべてのスタイル」にして［OK］をクリックします。

④ ［スタイル］作業ウィンドウのスタイル名をクリックします。

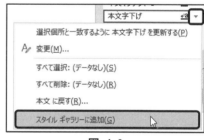

図 4-9

⑤ スタイル名の▼から［スタイルギャラリーに追加］を選択すると、［スタイルギャラリー］に表示できます（図 4-9）。

(3) ［スタイルギャラリー］に表示したスタイルを削除するには

① ［スタイルギャラリー］で右クリックして、［スタイルギャラリーから削除］をクリックします。スタイルギャラリーからは削除されますが、［スタイル］作業ウィンドウから削除されることはありません。

(4) 適用したスタイルを解除するには

① ［スタイルギャラリー］の 🔽 から［書式のクリア］を選択するか、［標準］に戻します。

35　よく使う書式の登録

【ホーム】▶【スタイルグループ】

(1) スタイルを新規に作成するには

① 書式を設定した文字列を選択します。

② ［ホーム］タブ－［スタイルギャラリー］の ▽ ボタンをクリックし、［スタイルの作成］を選択します（図 4-10）。

図 4-10

③ プレビューでスタイルを確認し、名前を入力して［OK］ボタンをクリックします（図 4-11）。

※ 作成したスタイルが文字だけにスタイルが適用できないときは、［スタイル］作業ウィンドウの［リンクされたスタイルを使用不可にする］のチェックを外してください。

図 4-11

(2) 既存のスタイルを一部変更するには

① 変更したいスタイルを右クリックし、［変更］を選択します（図 4-12）。

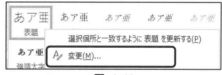

② ［スタイルの変更］ダイアログボックスの［書式］ボタンをクリックして、必要な設定を行います（図 4-13）。

図 4-12

※ 書式を変更した個所を選択、右クリックして［選択個所と一致するように○○を更新する］を選択してもよいです（図 4-12）。

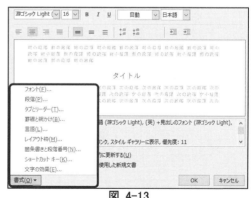

(3) 作成したスタイルを削除するには

① ［スタイル］作業ウィンドウを表示し、作成したスタイル名の右の▼をクリックして、［作成したスタイル名の削除］をクリックします。

図 4-13

② 確認のメッセージは、［はい］をクリックします。これで、スタイルギャラリーからも削除されます。

36 見出しの設定

(A)【ホーム】▶【スタイルギャラリー】(B)【表示】▶【表示グループ】▶【アウトライン表示】

(1) 見出しを設定するには

① 見出しにする行にカーソルを置きます。まとめて設定するには、複数行選択します。

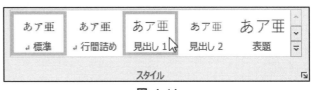

図 4-14

② [ホーム]タブ-[スタイルギャラリー]から必要な見出しを選択します（図 4-14）。

※ 初期状態では「見出し 2」までしか表示されていませんが、「見出し 2」を適用すると「見出し 3」が表示され、「見出し 3」を適用すると「見出し 4」が表示されるようになります。

(2) 見出しを解除するには

① 見出しを設定した行にカーソルを置きます。

② [スタイルギャラリー]-[標準]を選択するか、⏷ をクリックして[書式のクリア]を選択します。または、[フォント]グループ-[すべての書式をクリア]ボタン 🅰 をクリックします。

(3) アウトライン表示から設定するには

① [表示]タブ-[アウトライン表示]ボタンをクリックして、アウトライン表示に切り替えます。

② [アウトライン]タブ-[アウトラインレベル]の▼をクリックして、目的のレベルを選択します（図 4-15）。レベル 1 は見出し 1 に、レベル 2 は見出し 2 に対応します。

③ 元の画面に戻るには、[アウトライン表示を閉じる]ボタンをクリックします。

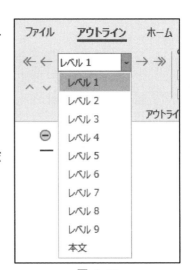

図 4-15

37　章番号や節番号の設定

【ホーム】▶【段落グループ】▶【アウトライン】

(1) 一括して設定するには

① 見出しを設定してある行にカーソルを置きます。

② ［ホーム］タブ－［アウトライン］ボタン をクリックして、薄い文字で［見出し］と表示されているものを選びます（図 4-16）。それ以外は見出しと連携されていません。

(2) 個別に番号を変更するには

① 変更する見出しにカーソルを置いて、［段落番号］ボタン の▼をクリックして選びます（図 4-17）。

② メッセージを確認して、［はい］をクリックします。

(3) 連携されていない番号を使うには

例として、「1-1-1」となる書式を作成してみます。

① 何もない行に仮の文字を 1 文字ずつ入力して、それぞれ、見出し 1・見出し 2・見出し 3 を適用します（図 4-18）。

② その 3 行を選択して、［アウトライン］ボタンから、「1-1-1」となっているものを選択します。

③ 見出し 1 にカーソルを置いて、「見出し 1」のスタイルを右クリックし、［選択個所と一致するように見出し 1 を更新する］をクリックします（図 4-19）。見出し 2・見出し 3 も同様にします。

※ 作成したものは、［アウトライン］ボタン－［作業中の文書にあるリスト］に表示されます。右クリックして［リストライブラリに保存］をクリックすると、ほかの文書でも使えるようになります（図 4-20）。

図 4-16

図 4-17

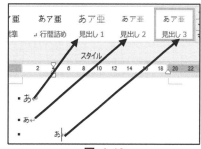

図 4-18

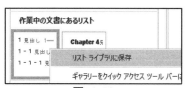

図 4-20

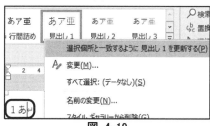

図 4-19

38　便利な画面表示

(A)【表示】▶【ナビゲーションウィンドウ】　(B)【表示】▶【分割】　(C) 上下の余白の非表示

(1) 見出しに移動する

① ［表示］タブ－［ナビゲーション
ウィンドウ］にチェックを付けます。

② ナビゲーションウィンドウの見
出しをクリックすると、そこへジャン
プします（図 4-21）。

(2) ページごとに移動する

① ナビゲーションウィンドウの［ペ
ージ］をクリックします。

② 目的のページをクリックすると、
そのページにジャンプします（図 4-22）。

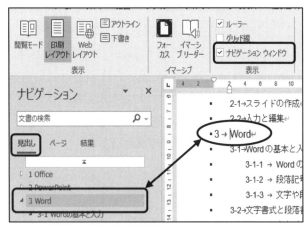

図 4-21

(3) 離れた場所を同時に表示する

① ［表示］タブ－［分割］ボタンをクリックす
ると、画面が分割されるので、上部と下部と
で同じ文書の離れた場所を表示できま
す。

② 分割を解除するには、［表示］タブ－
［分割の解除］ボタンをクリックするか、サイ
ズ変更バーを上にドラッグします。

図 4-22

(4) 上下の余白を非表示にする

① ページとページの間の箇所にマウスポイ
ンターを合わせてダブルクリックすると（図 4-
23）、上下の余白が非表示になります。ヘッダ
ーとフッターは表示されず、本文のみが表示
されます。

② 再度ダブルクリックすると元に戻ります。

図 4-23

39 文章構成の変更

(A)【表示】▶【アウトライン表示】 (B)【ナビゲーションウィンドウ】 (C) 通常の画面

(1) アウトライン表示で文書の構成を変更するには

① ［表示］タブ－［アウトライン表示］をクリックします。

② 見出しの行頭の ⊕ をドラッグします（図 4-24 ①）。下位のレベルも同時に移動できます。

※ ［レベルの表示］で選ぶと、そのレベルまでが表示されます（図 4-24 ②）。

※ カーソルを置いて、［アウトラインレベル］で選択すると、レベルの変更ができます（図 4-24 ③）。

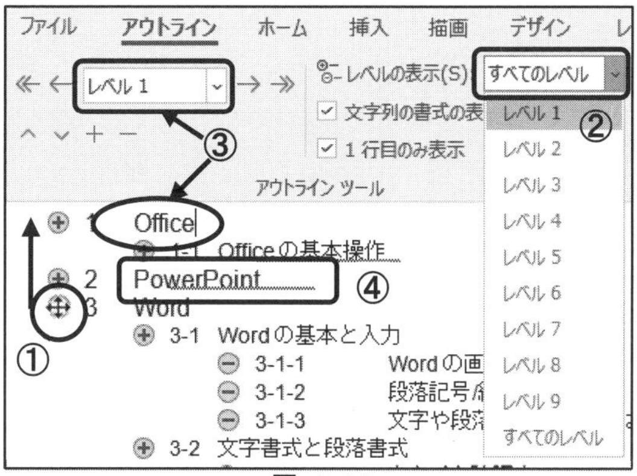

図 4-24

※ 行頭の ⊕ をダブルクリックするごとに、下のレベルの表示と非表示を切り替えられます。非表示にすると、波線が表示されます（図 4-24 ④）。

(2) ナビゲーションウィンドウで文書の構成を変更するには

① 見出しをドラッグします（図 4-25）。下位のレベルも同時に移動できます。

※ 行頭に表示される ◢ をクリックすると ▷ になり、下位のレベルが折りたたまれます。

(3) 通常の画面（印刷レイアウト）で文書の構成を変更するには

① 行頭に表示される ◢ をクリックします。▶ になり、下位のレベルが折りたたまれます。

② 見出しの行を選択してドラッグします（図 4-26）。

※ 折りたたまないと、下位のレベルは同時に移動しないので注意してください。

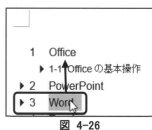

図 4-25

図 4-26

40　表番号と図番号

【参考資料】▶【図表グループ】▶【図表番号の挿入】

(1) 表や図に通し番号を付けるには

図 4-27

① 表内にカーソルを置きます（図の場合は選択）。

② ［参考資料］タブ－［図表番号の挿入］ボタンをクリックします（図 4-27）。

図 4-28

③ ［図表番号］ダイアログボックスで、適切なラベルを選び、キャプションを入力して、［OK］ボタンをクリックします（図 4-28）。

※ 表番号は項目の上、図番号は項目の下に配置するのが普通です。

(2) 見出しの番号と関連付けるには

① ［図表番号］ダイアログボックスで、［番号付け］ボタンをクリックします（図 4-28 (2)）。

② ［章番号を含める］にチェックを付け、そのほかを確認して、［OK］ボタンをクリックします（図 4-29）。

(3) 新しいラベルを作成するには

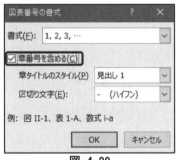

図 4-29

適切なラベルがない場合は、自分で作成できます。

① ［図表番号］ダイアログボックスで、［ラベル名］ボタンをクリックします（図 4-28 (3)）。

② 新しいラベル名を入力して作成します。

※ 表で 1 行目 1 列目のセルに何も入力されていないときは英語表記になることがありますが、その場合も自分でラベルを作成して構いません。

Column　図の行内配置と浮動配置における図番号の違い

　図番号は、図の配置が行内であれば文字列として段落に固定されますが、四角形や前面などの浮動配置にした場合は、テキストボックスとして配置されます。その場合は、グループ化して、段落に固定しておくとよいでしょう。

41　脚注の作成

【参考資料】▶【脚注グループ】

(1) 脚注を挿入するには

① 脚注を挿入する場所にカーソルを置きます。
② ［参考資料]タブ－[脚注の挿入]ボタンをクリックします（図 4-30）。
③ ページ下部に区切り線と脚注番号が挿入されるので、内容を入力します（図 4-31 (1)）。

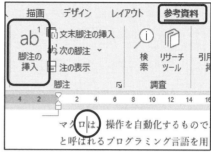

図 4-30

(2) 脚注を削除するには

① 文中の脚注番号を削除します（図 4-31 (2)）。

(3) 脚注の番号などを変更するには

① ［脚注]グループの 🔲 をクリックします。
② 書式を設定したら、[適用]ボタンをクリックします（図 4-32 (3)）。

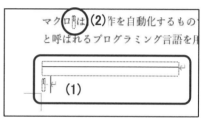

図 4-31

(4) 脚注を文末脚注に変更するには

① ［脚注と文末脚注]ダイアログボックスで、文末脚注を選び[変換]ボタンをクリックします（図 4-32 (4)）。
② 確認メッセージは、[OK]をクリックします。

(5) 脚注にカッコを付けるには

① 33 文字列の検索と置換（2）を参考に置換します。オプションからあいまい検索を外し、直接入力で図のように入力して（図 4-33）[すべて置換]をクリックします。脚注の右にカッコが付き、1) となります。「[^&]」と入力すれば、[1] となります。

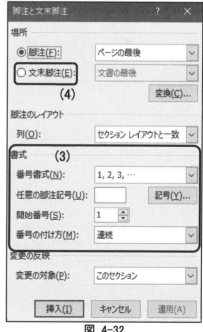

図 4-32

【注意】すべての脚注を挿入後、最後に1回だけ行ってください。

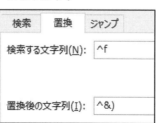

図 4-33

42　相互参照の利用

【参考資料】▶【図表グループ】▶【相互参照】

(1) 相互参照を設定するには

① 設定する場所にカーソルを置き、[参考資料]タブ－
[相互参照]をクリックします（図 4-34）。

※ [相互参照]は、[挿入]タブにもあります。

② [相互参照]ダイアログボックスで、[参照する項目]、
[相互参照の文字列]、[参照先]を選択し、[挿入]ボタンを
クリックします（図 4-35）。

③ [キャンセル]ボタンが[閉じる]ボタンに
変わるので、閉じます。

※ このダイアログボックスは、閉じずに続
けて操作できます。

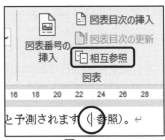

図 4-34

(2) 相互参照先へ移動するには

① 挿入された文字列上で、Ctrl キーを
押しながらクリックします（図 4-36）。

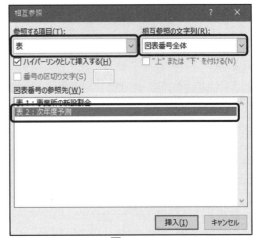

図 4-35

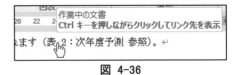

図 4-36

Column　フィールドの更新を忘れずに

相互参照や目次や索引などでは、フィールドという機能が使われています。これらは自動
更新されないので、参照先のページや段落番号などに変更があった場合は、設定した個所
を選択して、F9 キーを押すか、右クリックして、[フィールド更新]を選択してください。

43 目次の作成

【参考資料】▶【目次グループ】

(1) 目次を作成するには

① 文書にあらかじめ見出しか、レベルの設定をしておきます。

② 目次を挿入する位置にカーソルを置き、[参考資料]タブ−[目次]−[自動作成の目次 2]を選択します（図 4-37 (1)）。

(2) 詳細を指定して作成するには

① 上記手順②で、[ユーザー設定の目次]を選択します（図 4-37 (2)）。

② [目次]ダイアログボックスで、詳細を指定します。

(3) 目次を更新するには

① 目次に変更があった場合は、目次上で一度クリックします（図 4-38 ①）。

② コンテンツコントロールの[目次の更新]をクリックします（図 4-38 ②）。

③ [目次をすべて更新する]を選んで、[OK]ボタンをクリックします（図 4-38 ③）。

※ (2)の詳細を指定して作成した場合は、[目次]グループにある[目次の更新]ボタンをクリックします。

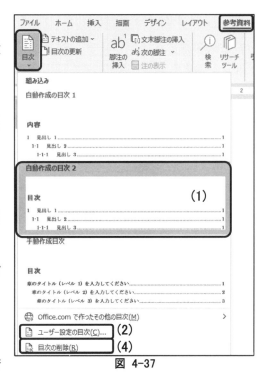

図 4-37

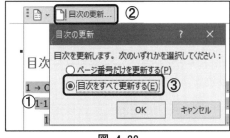

図 4-38

(4) 目次を削除するには

① [目次]ボタンから、[目次の削除]を選択します（図 4-37 (4)）。

44　段組みの設定

【レイアウト】▶【ページ設定グループ】▶【段組み】

(1) 段組みを設定するには

① 範囲を選択し、[レイアウト]タブー[段組み]をクリックして、指定する段数を選択します（図 4-39 (1)）。

(2) 段組みの詳細を設定するには

① [段組みの詳細設定]を選択します（図 4-39 (2)）。

② [段組み]ダイアログボックスでは、段の幅や間隔を設定したり、境界線を引いたりすることもできます（図 4-40）。

(3) 切りの良いところで段を変えるには

① 改段したい先頭にカーソルを置きます（図 4-41 (3)）。

② [レイアウト]タブー[区切り]ー[段区切り]をクリックします（図 4-39 (3)）。

図 4-39

※ 文書の末尾まで段組みにした場合、右の段が極端に少なくなることがあります。左右の高さを揃えるには、右の段の末尾にカーソルを置き、セクション区切りの[現在の位置から開始]をクリックします。

(4) 段組みを解除するには

段組みを設定すると、セクション区切りが挿入されます。段組みを解除した場合、セクション区切りも削除する必要があります。

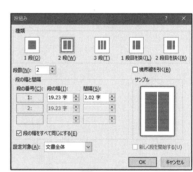

図 4-40

① [段組み]ボタンから[1 段]を選択します。

② セクション区切りの線の直前にカーソルを置いて、Delete キーで削除します。前後 2 ヶ所とも削除する必要があります（図 4-41 (4)）。

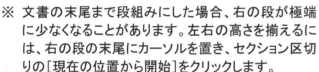

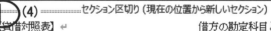

図 4-41

45 索引の作成

【参考資料】▶【索引グループ】

（1）索引にする用語を登録するには

① 索引にする用語を選択し、[参考資料]タブー
[索引登録]ボタンをクリックします。

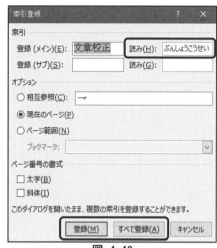

図 4-42

② 自動で表示された読みを確認して、[登録]
か、[すべて登録]をクリックします（図 4-42）。[す
べて登録]では、文書内のすべての同じ用語に適
用されます。

③ 文書上をクリックし、索引登録を続けます。登
録が終わったら、閉じます。

（2）索引を挿入するには

① 挿入する場所にカーソルを置き、[索
引の挿入]ボタンをクリックします。

② 必要な設定を行って、[OK]ボタンを
クリックします（図 4-43）。

（3）索引登録後の画面

{ }で囲まれたフィールドが表示されます
（図 4-44）。

編集記号を非表示にすれば、フィールド
も非表示になります。表示されていても印
刷されることはありません。

図 4-43

（4）索引の削除

① 登録した用語ではフィールドの { の
すぐ左、索引一覧ではセクション区切り
のすぐ左を Delete キーを2回押して削
除します（図 4-44 と図 4-45 の丸印）。

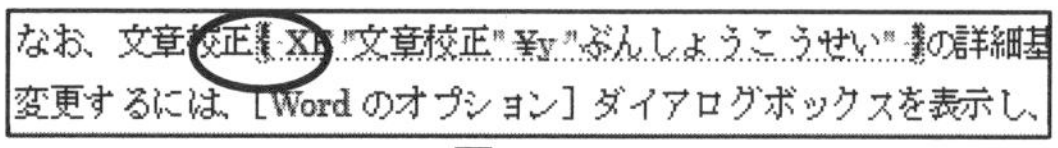

図 4-44

図 4-45

46　引用文献目録の作成

【参考資料】▶【引用文献と文献目録グループ】▶【資料文献の管理】

(1) 資料文献を登録するには

① ［参考資料］タブ－［資料文献の管理］ボタンをクリックします（図 4-46）。

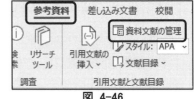

図 4-46

② ［資料文献の管理］ダイアログボックスで、［作成］ボタンをクリックします（図 4-47）。

③ ［資料文献の作成］ダイアログボックスで必要な事項を入力して、［OK］ボタンをクリックします（図 4-48）。連続して、必要なだけ作成します。

④ 登録作業が終わったら、［資料文献の管理］ダイアログボックスを閉じます。

図 4-47

※ ［引用文献の挿入▼］－［新しい資料文献の追加］をクリックしても、［資料文献の作成］ダイアログボックスが表示されます。

※ 必要であれば、登録する前にスタイルを選択しておきます。

図 4-48

※ ［参考資料］タブの右端には、［引用文献一覧］グループがあります。このグループでは、古いバージョン（2003 以前）と同じ機能、操作ができるようになっています

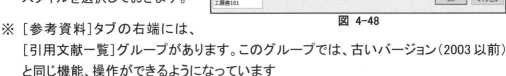

Column　文献リスト（マスターリスト）の保存

　ここで作成した資料文献は、その文書だけでなく「Word の文献リスト」としても保存されます。ほかの文書でも使えるので、時間があるときに資料文献の入力や整理をしておくとよいでしょう。

Chapter 4 長文の作成 **147**

47 引用文献一覧の挿入

【参考資料】▶【引用文献と文献目録グループ】

（1）文献のリストを取り込むには

① ［参考資料］タブ－［資料文献の管理］ボタンをクリックします。

② マスターリストから、必要なものを選択して、［コピー］ボタンをクリックします（図 4-49）。登録の作業を

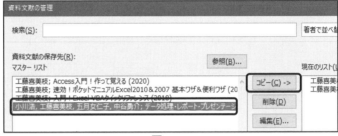

図 4-49

行った文書であれば、すでに現在のリストが表示されています。不要な文献は削除します。

（2）引用文献一覧を作成するには

① 作成する場所にカーソルを置き、スタイルを選択します。［文献目録▼］をクリックして、適切なものを選びます（図 4-50）。

（3）文書中に書名を挿入するには

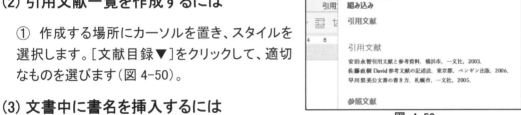

図 4-50

① あらかじめ、文献のリストを取り込んでおきます。

② 挿入する場所にカーソルを置き、［引用文献の挿入］をクリックして目的の文献を選択します（図 4-51）。

③ 挿入された文献上をクリック、コンテンツコントロールの▼をクリックして、［引用文献の編集］を選択します（図 4-52）。

④ ［引用文献の編集］ダイアログボックスで、引用したページを入力して、［OK］ボタンをクリックします（図 4-53）。

図 4-51

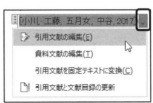

図 4-52

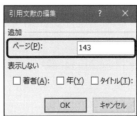

図 4-53

48　ブックマークの利用

【挿入】▶【リンクグループ】▶【ブックマーク】から設定、 F5 キーで移動

(1) ブックマークを設定するには

①　ブックマークを付ける場所にカーソルを置くか、文字列を選択します。

②　[挿入]タブ－[リンク]グループ－[ブックマーク]をクリックします(図 4-54)。

図 4-54

③　ブックマークに付ける名前を入力して[追加]ボタンをクリックします(図 4-55)。

※　このブックマークは、相互参照にも使えます。

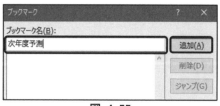

図 4-55

(2) ブックマークに移動するには(ジャンプ)

①　 F5 キーを押します。

②　[検索と置換]ダイアログボックスの[ジャンプ]タブが表示されるので、[移動先]で「ブックマーク」を選択し、[ブックマーク名]でジャンプ先を選んで、[ジャンプ]ボタンをクリックします(図 4-56)。

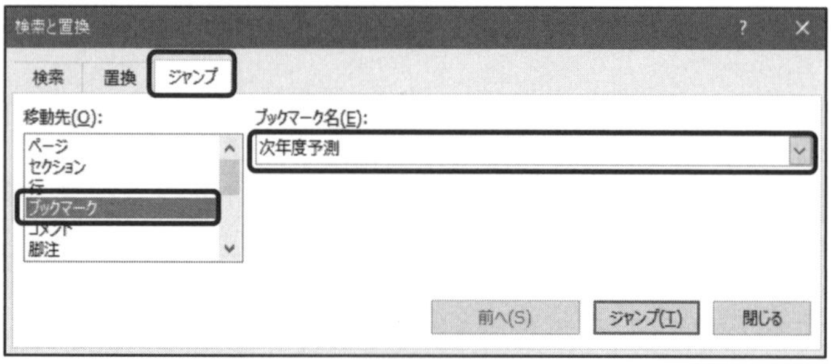

図 4-56

Column　ブックマークと相互参照

　あらかじめ設定しておいた場所に移動するには、ブックマークと相互参照の 2 つの方法があります。ブックマークでは文書中に明示されないので、自分だけのしおりとして使えます。相互参照は文書中にその文字列が表示されるので、読み手に対して参照させたいときに使います。

Word

Chapter 5
表とオブジェクト

49　表の作成と削除/解除

(A)【挿入】▶【表】　(B) Backspace キー　(C)【レイアウト】▶【データグループ】▶【表の解除】

(1) 新規に表を作成するには

① ［挿入］タブ－［表の追加］ボタンをクリックして、目的の行数・列数でクリックします（図 5-1 (1)）。

※ 表を挿入すると、表の次の行に段落記号が追加されます。この段落記号は削除することができません。どうしても削除したい場合は、「56 表のページに関するトラブル回避 (2)」を参照してください。

(2) 入力済みの文字列を表にするには

① 文字列を選択してから、［表の追加］ボタン－［文字列を表にする］をクリックします（図 5-1 (2)）。

② 設定を確認して、［OK］をクリックします（図 5-2）。

※ この操作を行う場合は、1 つのデータは改行で、各項目はタブかカンマで区切られている必要があります。

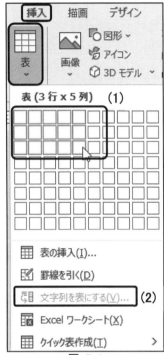

図 5-1

(3) 表を削除するには

① 表の移動ハンドル ⊞ をクリックして表全体を選択し（図5-3）、 Backspace キーを押します。

※ 表内にカーソルを置き、［レイアウト］タブ－［行と列］グループ－［表の削除］ボタンから削除することもできます。

(4) 表を解除して、文字列に戻すには

① 表の中にカーソルを置いて、［レイアウト］タブ－［データ］グループ－［表の解除］ボタンをクリックします。

② ［表の解除］ダイアログボックスで、文字列の区切りを確認して［OK］ボタンをクリックします。

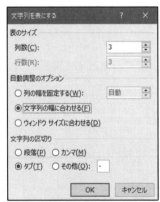

図 5-2

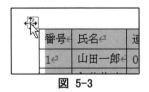

図 5-3

50　列幅と行高の変更

(A) 罫線をドラッグする　(B)【レイアウト】▶【セルのサイズグループ】で指定

(1) 列幅や行高を変えるには

① 列幅を変えるには、マウスポインター ↔ を確認して、縦罫線をドラッグします（図 5-4）。

② 行高を変えるには、マウスポインター ↕ を確認して、横罫線をドラッグします（図 5-4）。

※ 縦罫線上でダブルクリックすると、文字幅に合わせて、列幅がぴったりと収まります。

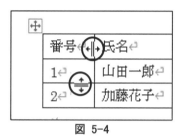

図 5-4

(2) 数値で指定するには

① セルにカーソルを置くか、複数列または複数行を選択します。

② ［レイアウト］タブの［高さ］と［幅］で、数値を指定します（図 5-5(1)）。

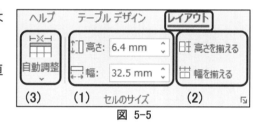

図 5-5

(3) 列幅や行高を同時に揃えるには

① 複数列または複数行を選択します。

② ［幅を揃える］ボタンまたは［高さを揃える］ボタンをクリックします（図 5-5(2)）。

(4) 表全体を一気に揃えるには

① ［自動調整▼］－［文字列の幅に自動調整］をクリックします。［ウィンドウ幅に調整］を選択すると、左右の余白に合わせて表示されます（図 5-5(3)）。

② 表のサイズ変更ハンドルをドラッグすると、表全体を一気に変更できます（図 5-6）。

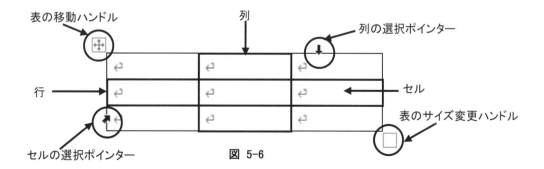

図 5-6

51 行列の追加と削除

(A) コントロールの挿入　(B)【レイアウト】▸【行と列グループ】　(C) | Enter | キーと
| Backspace | キー

(1) 行を追加するには

(A) 挿入したい場所の左端で⊕をクリックすると、
そこに行が挿入されます（図 5-7 (A)）。

(B) 表の右外にカーソルを置いて | Enter | キーを
押すと、下に1行追加できます（図 5-7 (B)）。

(C) 表の最終セルにカーソルを置いて | Tab | キー
を押すと、下に 1 行追加できます（図 5-7
(C)）。

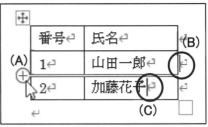

図 5-7

(2) 列を挿入するには

① 挿入したい場所の上端で⊕をクリックすると、そこに列
が挿入されます（図 5-8）。

図 5-8

(3) 複数の行や列をまとめて挿入するには

① 複数の行や列を選択します。

② [レイアウト]タブの[行と列]グループにあるボタ
ンを利用します（図 5-9）。

図 5-9

(4) 行や列を削除するには

① 列や行を選択します。

② [削除▼]をクリックして（図 5-9）、目的のものを選択します。

※ 列や行を選択してから、| Back Space | キーを押しても削除できます。| Delete | キーで
は入力された内容のみの削除となるので注意してください。

(5) 行や列をコピー・移動するには

① 行や列を選択し、選択された部分をドラッグします。

52　結合と分割

【レイアウト】▶【結合グループ】▶【セルの結合】／【セルの分割】／【表の分割】

(1) 複数のセルを1つにまとめるには（セルの結合）

① 複数のセルを選択しておきます。

② ［レイアウト］タブ－［結合］グループ－［セルの結合］ボタンを
クリックします（図 5-10）。

(2) セルを分割するには

① セルにカーソルを置くか、複数のセルを選択し、［セルの分割］ボタンをクリックします（図 5-10）。

② ［セルの分割］ダイアログボックスで、列数と行数を指定します（図 5-11）。

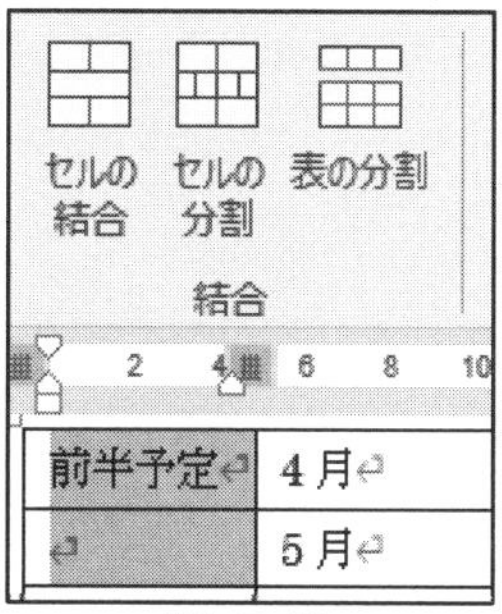

図 5-10

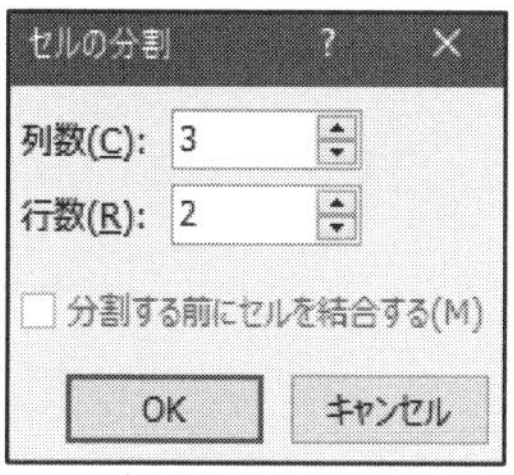

図 5-11

(3) 表を分割するには

① 分割したい行にカーソルを置きます（図 5-12）。

② ［表の分割］ボタンをクリックすると（図 5-10）、
カーソルのある行を次の表の先頭行として表
を分割することができます（図 5-13）。

(4) 表を結合するには

① 表の間にある段落記号を削除します（図
5-13）。

② 表が離れている場合は、後ろの表を切り
取り、結合したい表のすぐ下に貼り付けます。

図 5-12

図 5-13

53　セルや罫線などの詳細設定

【テーブルデザイン】／【デザイン】▶【飾り枠グループ】／【表のスタイルグループ】

(1) セルに色を付けるには

① セルを選択し、[テーブルデザイン]／[デザイン]タブー[塗りつぶし▼]をクリックして、色を選択します（図 5-14 (1)）。

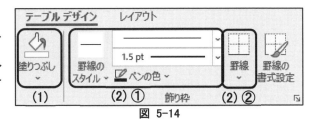
図 5-14

(2) 罫線の色や種類などを変更するには

① [飾り枠]グループで、線の種類・線の太さ・線の色を指定します（図 5-14 (2) ①）。

② マウスポインター を確認してドラッグするか、[罫線▼]をクリックして目的の罫線を選びます（図 5-14 (2) ②）。

※ 罫線モードを解除するには、 Esc キーを押します。

③ まとめて操作するには、 をクリックしてダイアログボックスから操作します（図 5-15）。

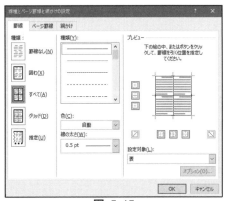
図 5-15

(3) 表全体にまとめて設定するには（表のスタイル）

① 表内にカーソルを置き、[表のスタイル]グループの をクリックして、適切なものを選択します（図 5-16）。

※ [クリア]を選択すると、罫線が表示されなくなります。表であることを示すために薄いグレーの破線が表示されますが、印刷はされません。

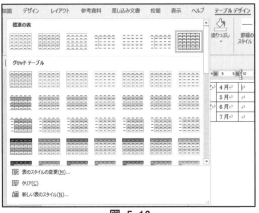
図 5-16

54　セル内の文字の配置

【レイアウト】▶【配置グループ】／【表のプロパティ】

(1) 文字をセル内で上下左右に配置するには

① セルを選択します。セルが 1 つだけならカーソルを置くだけで構いません。

② ［レイアウト］タブ−［配置］グループから適切な配置を選びます（図 5-17 (1)）。

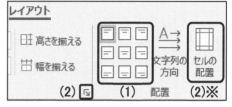

図 5-17

(2) 文字をセル内でギリギリに表示するには

① セルを選択し、［セルのサイズ］グループにある 🔽 をクリックします（図 5-17 (2)）。

② ［セル］タブ−［オプション］をクリックします（図 5-18）。

③ ［表全体を同じ設定にする］のチェックを外して、すべて 0 mm にして、［OK］をクリックします（図 5-19）。

④ ［表のプロパティ］ダイアログボックスの［OK］をクリックします。

図 5-18

※ ［セルの配置］ボタンから設定すると、表内のセルすべてにまとめて設定されます。

(3) 文字をセル内で均等割り付けするには

① セルを選択し、［ホーム］タブ−［均等割り付け］ボタンをクリックします。

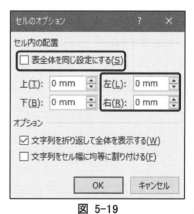

図 5-19

【(2)と(3)の完成例】（図 5-20）

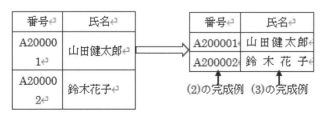

図 5-20

55　表の文書内の配置

(A)【レイアウト】▶【セルのサイズグループ】▶ 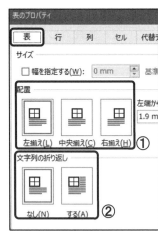 ▶【表のプロパティダイアログボックス】　(B)【データグループ】▶【タイトル行の繰り返し】

(1) 文書中に表を配置するには

① 表内にカーソルを置き、[レイアウト]タブ－[セルのサイズ]グループの 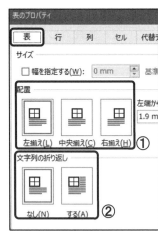 をクリックします。

② [表のプロパティ]ダイアログボックスの[表]タブ－[配置]では、左右の配置ができます（図 5-21①）。

③ [文字列の折り返し]では、「なし」にすると行間に、「する」にすると文字列の中に配置されます（図 5-21②）。

※ 簡単に自由に配置するには、表の移動ハンドルを選択して、ドラッグします（図 5-22）。

図 5-21

(2) セルが 2 ページに分割されるのを防ぐには

① 表全体を選択して、表のプロパティを表示します。

② [行]タブ－[行の途中で改ページする]のチェックを外します（図 5-23）。次のページに押し出されるので、ページの下部が空きます。

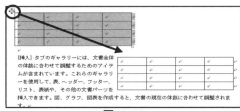

図 5-22

(3) ページごとにタイトルを表示するには

① タイトル行を選択します。

② [レイアウト]タブ－[データ]グループ－[タイトル行の繰り返し]をクリックします。

図 5-23

【(2)と(3)の完成例】（図 5-24）

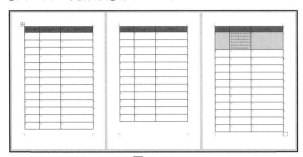

図 5-24

56 表のページに関するトラブル回避

【ホーム】▶【段落グループ】▶ ⬒ ▶【段落ダイアログボックス】

(1) 表が 2 ページに分割されるのを防ぐには

表全体が次のページに分割されるような場合の回避方法です。

① 表の移動ハンドルをクリックして表全体を選択します（図 5-25）。

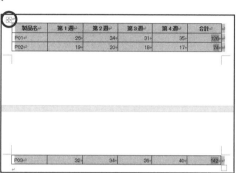

図 5-25

② ［ホーム］タブ－［段落］グループの ⬒ をクリックします。

③ ［段落］ダイアログボックスで、［改ページと改行］タブ－［次の段落と分離しない］にチェックを入れて（図 5-26）、［OK］ボタンをクリックします。表全体が次のページに移動します。

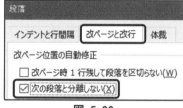

図 5-26

(2) 表の次の不要なページを防ぐには

ページギリギリに表を作成すると、表の次の段落記号が次のページに押し出されて、空白のページとなってしまうことがあります。この段落記号は削除できませんが、次の方法で回避できます。

図 5-27

① 次のページの段落記号を選択し（図 5-27）、［段落］ダイアログボックスを表示します。

② ［インデントと行間隔］タブの［行間］を「固定値」に、［間隔］を「0.7」にして（図 5-28）、［OK］ボタンをクリックします。段落記号が大変薄くなり、表のすぐ下に張り付きます。

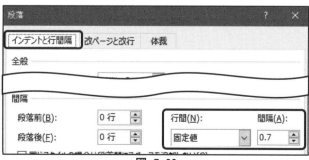

図 5-28

57　文字を自由にデザインする

【挿入】▶【テキストグループ】

(1) ワードアートを利用するには

① ［挿入］タブ－［テキスト］グループ－［ワードアートの挿入］をクリックして、スタイルを選択します（図 5-29 (1)）。

② 文字を入力します。

③ フォントに関する変更は［ホーム］タブから、それ以外は［図形の書式］タブ／［書式］タブから変更します（図 5-30）。

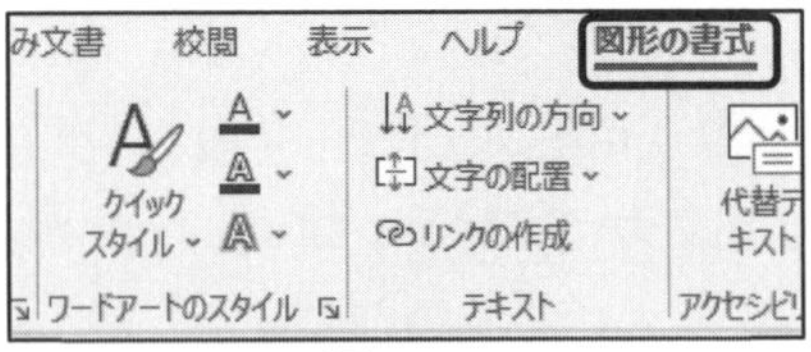

図 5-29

(2) テキストボックスを利用するには

① ［テキストボックス］－［横書きテキストボックスの描画］を選択します（図 5-29 (2)）。

② マウスポインターが ＋ に変わるので、ドラッグし、文字を入力します。

図 5-30

③ テキストボックスを 2 つ以上に連続して分けて入力するには、空のテキストボックスを作成しておき、文字があふれたテキストボックスを選択します。

④ ［図形の書式］タブ／［書式］タブの［リンクの作成］をクリックし、マウスポインターを確認して空のテキストボックス上でクリックすると、文字が流し込まれます（図 5-31）。

図 5-31

(3) ドロップキャップを利用するには

① 作成したい段落にカーソルを置いて［ドロップキャップの追加］－［本文内に表示］を選択します（図 5-29 (3)）。

※ 段落の先頭の文字に対して作成されるので、先頭が空白の場合は作成できません。

【完成例】（図 5-32）
(1) ワードアート、(2) テキストボックスのリンク、(3) ドロップキャップ

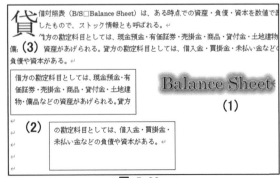

図 5-32

58　挿入した画像の配置

[レイアウトオプション]ボタンから選ぶ

(1) 文字列の折り返しを変更するには

① 画像を選択し、図の右に表示された[レイアウトオプション]ボタンから、適切な種類を選びます（図 5-33）。

図 5-33

(2) 主な折り返しの種類

行内は固定配置ですが、それ以外は浮動配置となります。浮動配置では画像を自由に動かすことができます。

【行内】	【上下】
文書で選択した文字列の書式は、[ホーム]タブのクイック・スタイル・ギャラリーで体裁を選択することで簡単に変更できます。[ホーム]タ	文書で選択した文字列の書式は、[ホーム]タブのクイック・スタイル・ギャラリーで体裁を選択するこ
【四角形】	【狭く】
文書で選択した文字列の書式は、[ホーム]タブのクイック・スタ　　　　イル・ギャラリーで体裁を選択　　することで簡単に変更できま　　す。[ホーム]タブの他のボタ　　ンやオプションを使用して、文　　字列に書式を直接設定することもできます。ほとんどのボタンやオプ	文書で選択した文字列の書式は、[ホーム]タブのクイック・スタ　　　　イル・ギャラリーで体裁を選択することで　　簡単に変更できます。[ホーム]・タブの　　他のボタンやオプションを使用して、　　文字列に書式を直接設定すること　もできます。ほとんどのボタンやオプションで、現在のテーマの体裁
【前面】	【背面】
文書で選択した文字列の書式は、[ホーム]タブのクイック・スタイル・ギャラリーで体裁を選択することで簡単に変更できます。[ホーム]タブの他のボタンやオプションを使用して、文字列に書式を直接設定することもできます。ほとんどのボタンやオプションで、現在のテーマの体裁を使用するか、直接指定する書式を使用するかを選択できます。	文書で選択した文字列の書式は、[ホーム]タブのクイック・スタイル・ギャラリーで体裁を選択することで簡単に変更できます。[ホーム]タブの他のボタンやオプションを使用して、文字列に書式を直接設定することもできます。ほとんどのボタンやオプションで、現在のテーマの体裁を使用するか、直接指定する書式を使用するかを選択できます。

(3) 文字列の折り返しの間隔を変えるには

① [レイアウトオプション]ボタン－[詳細表示...]をクリックします（次ページ図 5-35 参照）。
② [レイアウト]ダイアログボックス－[文字列の折り返し]タブ－[文字列との間隔]で、数値を指定します。

59 画像のトラブル回避

(A)【ホーム】▶【編集グループ】▶【選択】▶【オブジェクトの選択】 (B)【ページ上の位置を固定】 (C)【Word のオプション】▶【詳細設定】▶【行内▼】

(1) 背面の画像が選択できなくなったら

背面に画像を配置すると、文字に邪魔されて画像を選択できなくなることがあります。その場合は、次の方法で選択します。

① [ホーム]タブー[編集]グループー[選択]-[オブジェクトの選択]をクリックします（図 5-34）。

② オブジェクト選択モードを解除するには、 Esc キーを押します。

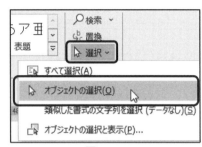

図 5-34

(2) 画像の位置が動いてしまうのを防ぐには

行内以外では自由に画像を動かすことができますが、文字を挿入したり削除したりすると画像の位置も動いてしまうことがあります。これを防ぐには次のようにします。

① 画像を選択し、[レイアウトオプション]ボタンから、[ページ上の位置を固定]をクリックします（図 5-35）。

(3) 行内の画像が文字に隠れてしまったら

游フォントで行数を増やすために文書の行間を固定値にすると、行内の画像は文字に隠れてしまいます。その場合は、画像を行内以外にしてください。

図 5-35

(4) 画像の挿入をいつも行内以外にしたい

画像の挿入はデフォルトでは行内ですが、Word のオプションから、変更できます。

[Word のオプション]ダイアログボックスー[詳細設定]-[図を挿入/貼り付ける形式]で、ほかの折り返しにします（図 5-36）。レイアウトオプションの表示とは異なるので注意してください。

図 5-36

Chapter 0

Excel とは何か

0-1 Excel とは何か

表計算ソフト

(1) Excel とは

① Excel は、表計算ソフトの1つです。表を簡単に作成でき、多くの関数が用意されています。この他に、グラフの作成機能、簡単なデータベース機能もあります。表を作成しただけではわかりにくいデータも、グラフで表せばわかりやすくなります。また関数を使って平均や標準偏差を出すことでデータの特徴をつかむこともできます。このように Excel はデータを見やすくしたり、特徴をつかむことができるので、レポート作成によく利用されます。更に多くのデータの管理をしたり、自分の欲しいデータを抽出する機能があるため、住所録や、商品管理などにも利用されています（図 0-1）。

② Excel はノートのような使い方をします。起動時に表示される「Sheet1」シートがノートの 1 枚目を指していて、実際は複数のシートが隠されています。Excel のマス目をセルといいます。このセルには名前が付いていて、左側の行番号と上部の列名で表します。図の●のセルは「セル Q4」と表します。左上の緑の枠が付いたセルをアクティブセルといいます。Excel はこのアクティブセルにしか入力はできません。そのため、セル Q4 に入力したい場合は、マウスかキーボードの矢印キーでアクティブセルを移動します。どこにアクティブセルがあるのかは名前ボックスに表示されます。更に、関数や数式を使う場合、セルには計算結果しか表示されません。どのような式や関数が入っているのかは数式バーに現れます（図 0-1）。

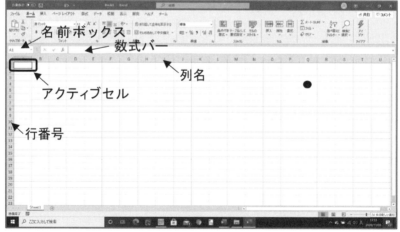

図 0-1

※ 1シートには 1,048,576 行、16,384 列があります。

0-2 入力について

入力(確定) ▶ | Enter |キー

Excel では文字列と数値を区別して考える必要があります。

(1) 文字列を入力

セル A3 に「りんご」と文字列を入力します。

① セル A3 をクリックし、「りんご」と入力して文字列を確定したら(図 0-2)、| Enter |キーを押します。

※ 全角で文字列を入力すると 2 回| Enter |キーを押すことになります。文字列の確定と文字列をセルに入れるためです。

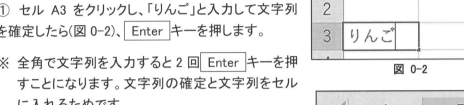

図 0-2

(2) 数値の入力

セル B3 に「180」と数値を入力します。

① セル B3 をクリック(または矢印キーでセル B3 に移動)します。

② 半角英数モードに変更し、「180」と入力して| Enter |キーを押します(図 0-3)。

※ 数字を入力する場合は全角のままでも入力はできますが、半角英数モードに変更した方が素早く入力できます

図 0-3

(3) 日付を入力

セル B1に日付「1/10」を半角で入力します。

① セル B1をクリックして「1/10」と入力したら、| Enter |キーを押します(図 0-4)。

② 表示されるデータは「1月 10 日」となります(図 0-4)。

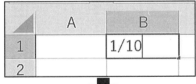

図 0-4

Column 文字列と数字の入力

文字列を入力すると、セルの左側に揃い、数字を入力すると右側に揃います(図 0-3)。

0-3 入力データの修正

Delete キーまたは Backspace キー

（1）入力されたデータの消去

セル A3 と B3 のデータを消去します。

① セル A3 からセル B3 をドラッグして、Delete キーを押します（図 0-5）。

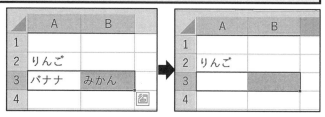

図 0-5

（2）入力データの修正（全部修正）

セル A2 を「グレープ」に修正します。

① セル A2 をクリックし、そのまま「グレープ」と入力したら Enter キーを押します。

図 0-6

（3）入力データの修正（一部追加）

セル A2 を「グレープフルーツ」に修正します。

① セル A2 をダブルクリックして、カーソルを「グレープ」の右側に移動します。

② 「フルーツ」と入力して（図 0-6）、Enter キーを押します。

※ セル B2 に入力すると、セル A2 の文字列が切れてしまいますが（図 0-7）、セル A2 をクリックして数式バーを見ると入力された文字列を確認できます（図 0-7）。セルの幅を広げるには Chapter1 の 5(2)を参照してください。

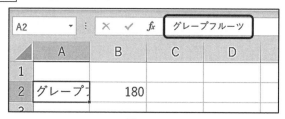

図 0-7

（4）文字列の修正（一部消去）

「グレープフルーツ」から「フルーツ」を消去します。

（A）Backspase キーを使う方法：セル A2 をダブルクリック－「フルーツ」の右側にカーソルを移動－ Backspace キーを押しながら消去します（図 0-8（A））。

（B）Delete キーを使う方法：セル A2 をダブルクリック－「フルーツ」の左側にカーソルを移動－ Delete キーを押しながら消去します（図 0-8（B））。

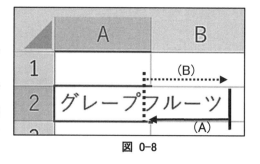

図 0-8

Excel

Chapter 1
入力と編集

1 連続データの入力

【オートフィル機能】▶【オートフィルオプション】

(1) 月や曜日などの連続データを入力する

セル A2 からセル A8 に月曜日から日曜日までの曜日を表示します。

図 1-1

① セル A2 に「月曜日」と入力し、セル A2 を選択して、右下の■マーク(図 1-1)にマウスポインターを合わせ、マウスポインターの形が＋に変わったら、セル A8 までドラッグします(図 1-2)。この機能をオートフィル機能といいます。

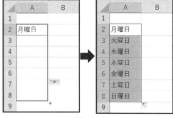

図 1-2

(2) 1，2，・・・ のような数値の連続データを入力する

セル A2 からセル A6 に 1 から 5 までの連続した数字を表示します。

① セル A2 に「1」を入力し、セル A2 を選択して、セル A6 までオートフィル機能を実行します(上記(1)の操作)。

② このままではすべて同じ数値「1」になるので、右下に表示される[オートフィルオプション]の▼をクリックして、メニューから[連続データ]を選択します(図 1-3)。

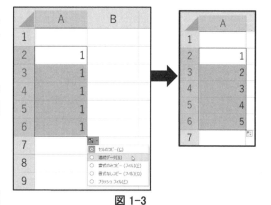

図 1-3

(3) 5，10，15，・・・ のような数値の連続データを入力する

セル A2 からセル A6 に 5, 10, ・・・, 25 の 5とびの数字を表示します。

① はじめの 2 つの数字、「5」と「10」をセル A2 とセル A3 に入力します。

② セル A2 とセル A3 を選択し、セル A6 までオートフィル機能を実行します(図 1-4)。

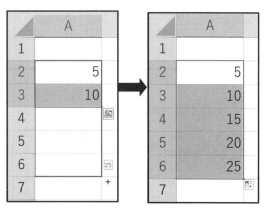

図 1-4

2　今日の日付、現在の時刻を簡単に入力

Ctrl キー ＋ ; キー、 Ctrl キー ＋ : キー

(1) 今日の日付を簡単に入力する

① 選択したセルに Ctrl キーと ; キーを同時に押すと、今日の日付を素早く入力できます（図 1-5）。

ただし、次にファイルを開いても更新はされません。

	A
1	
2	2020/11/8
3	

図 1-5

(2) 現在の時刻を簡単に入力する

① 選択したセルに Ctrl キーと : キーを同時に押すと、現在の時刻を素早く入力できます（図 1-6）。ただし、上記(1)同様、次にファイルを開いても更新はされません。

	A
1	
2	14:07
3	

図 1-6

Column　ファイルを開いた時に日付や時刻を更新する

　日付や時刻をファイルを開くたびに更新して表示するには、TODAY 関数と NOW 関数を使います。

　TODAY 関数は、選択したセルに「=TODAY()」と入力し（図 1-7①）、 Enter キーを押すと、現在の日付が表示され（図 1-8①）、NOW 関数は、選択したセルに「=NOW()」と入力し（図 1-7②）、 Enter キーを押すと、今日の日付と現在の時刻が表示されます（図 1-8②）。ファイルを保存して、後日ファイルを開くと、それぞれ更新されていることがわかります。

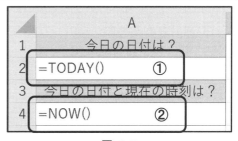

図 1-7

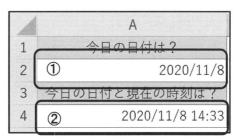

図 1-8

3　上手なコピー

Ctrl キー ＋ C キー、 Ctrl キー ＋ V キー ▶【貼り付けのオプション】

（1）コピー/貼り付け

① 該当する範囲を選択して Ctrl キーを押したまま C キーを押し、貼り付ける箇所を選んで Ctrl キーを押したまま V キーを押します。

（2）式や関数が入っているセルの値のみコピーする

式や関数が入っているセルをコピーすると、式や関数自体のコピーとなり、正しい値が表示されません。

① （1）の①で貼り付けを行った後、[貼り付けのオプション]の▼をクリックして、表示されるメニューから[値の貼り付け]－[値]をクリックします（図 1-9）。

図 1-9

（3）列幅を元のままで表をコピーする

表をコピーすると、列幅は貼り付け先に合わされてしまいます。

① このような場合は、[コピー]－[貼り付け]を行った後、[貼り付けのオプション]の▼をクリックして、表示されるメニューから[元の列幅を保持]を選択します（図 1-10）。

図 1-10

（4）書式を崩さずに式のコピーをするには

① セル D3 の式をセル D4 からセル D6 に式のコピーをすると、セル D3 の書式まで移ってしまうことがあります。このような場合は、[オートフィルオプション]の▼をクリックして、[書式なしコピー]を選択します（図 1-11）。

図 1-11

4　ふりがなの設定

【ホーム】タブ ▶ 【フォント】グループ ▶ 【ふりがなの表示/非表示】

(1) ふりがなを付ける

① 設定する範囲を選択して、[ホーム]タブ－[フォント]グループ－[ふりがなの表示/非表示]ボタンをクリックします(図 1-12)。

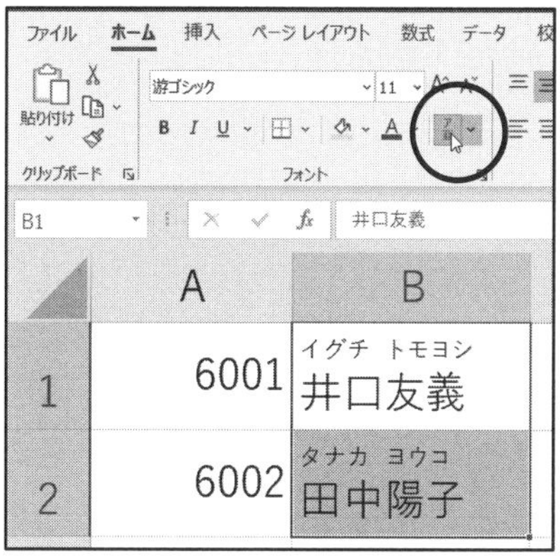

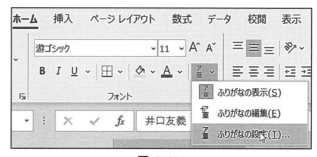

図 1-12

(2) ふりがなの文字の種類や配置を変更する

「ひらがな」、「均等割り付け」に変更します。

① 変更したい範囲を選択し、[ホーム]タブ－[フォント]グループ－[ふりがなの表示/非表示]ボタンの右隣の ⌄ をクリックして、[ふりがなの設定]を選択します(図 1-13)。

② [ふりがなの設定]ダイアログボックスが表示されるので、[ふりがな]タブで[種類]を[ひらがな]、[配置]を[均等割り付け]に指定して、[OK]ボタンをクリックします(図 1-14)。

図 1-13

(3) ふりがなを修正するには

① 修正したいセルをダブルクリックします。ふりがなの部分をクリックすると修正することができます(図 1-15)。

図 1-14

図 1-15

5   行・列の設定

列名(行番号)を右クリック

(1) 列を挿入(または削除)する

B 列に 1 列挿入(または削除)します。

① B 列の列名の箇所を右クリックして表示されるメニューから[挿入](または[削除])を選択します(図 1-16(1))。

(2) 列(行)の幅を変える

B 列の列幅を 11.00 に変更します。

① B 列の列名の箇所を右クリックして、表示されるメニューから[列の幅]を選択します(図 1-16(2))。[列の幅]ダイアログボックスが表示されるので、[列の幅]に「11」を入力して、[OK]ボタンをクリックします(図 1-17)。

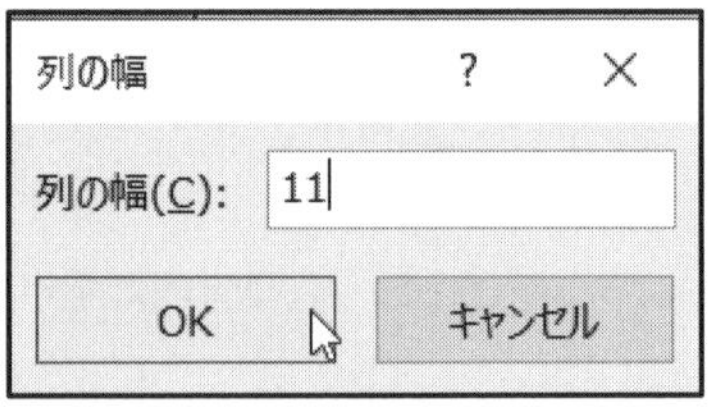

または、B 列と C 列の間にマウスポインターを合わせると、マウスポインターの形が図 1-18 のように左右に矢印が付いた形に変わります。そのままドラッグすると列幅が表示されるので、それを見ながら 11.00 までドラッグします。

(3) 列(行)を非表示にする

B 列を非表示にします。

① B 列の列名の箇所を右クリックして、表示されるメニューから[非表示]を選択します(図1-16(3))。

(4) 列(行)を再表示する

B 列を再表示します。

① B 列を挟む A 列と C 列の列名の箇所をドラッグして、そのまま右クリックして表示されるメニューから[再表示]を選択します(図 1-16(4))。

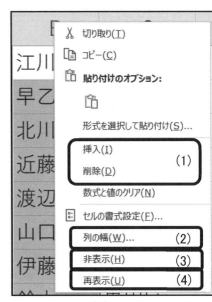

図 1-16

図 1-17

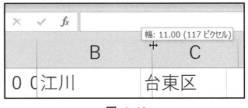

図 1-18

6　数値の単位や桁の設定

【ホーム】タブ ▶ 【数値】グループ

(1) 通貨単位を付ける

　範囲を選択して、[ホーム]タブ－[数値]グループ－[通貨表示形式]ボタン の をクリックして通貨単位を選択します(図 1-19(1))。

(2)「％」で表示する

　範囲を選択して、[数値]グループ－[パーセントスタイル]ボタン % をクリックします(図 1-19(2))。

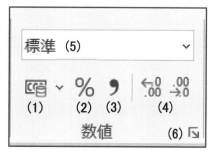

図 1-19

(3) 数字に「，」を付ける

　範囲を選択して、[数値]グループ－[桁区切りスタイル]ボタン をクリックします(図 1-19(3))。

(4) 小数点以下の表示を統一する

　範囲を選択して、[数値]グループ－[小数点以下の表示桁数を増やす]ボタン または [小数点以下の表示桁数を減らす]ボタン をクリックし、表示を整えます(図 1-19(4))。

(5) 表示形式を元に戻す

　％表示を元に戻します。範囲を選択して、[数値]グループ－[表示形式]の右隣の をクリックして[標準]を選択します(図 1-19(5))。

(6) 数字に特定の単位を付ける

「cm」という単位を数字の後ろに表示します。

① 範囲を選択して、[数値]グループ－[セルの書式設定]ダイアログボックス起動ツール をクリックします(図 1-19(6))。

② 表示される[セルの書式設定]ダイアログボックスの[表示形式]タブで、[分類]を[ユーザー定義](図 1-20①)、[種類]を「G/標準」(図 1-20②)、選択された「G/標準」の右側に「"cm"」を追加(G/標準"cm")(図 1-20③)して、[OK]ボタンをクリック(図 1-20④)します。

図 1-20

7　表の入れ替え・移動

【ホーム】タブ ▶ 【クリップボード】グループ

(1) 表の行と列を入れ替える

① コピー元の表でセル A1 からセルG
8 を選択して、[ホーム]タブ－[クリップ
ボード]グループ－[コピー]ボタン 🗐 ▾ を
クリックします(図 1-21①)。

コピー先のセルA10を選択して、同じく
[クリップボード]グループ－[貼り付け]
ボタン下の ▾ をクリックします(図 1-21
②)。

② 表示されるメニューから[行列を入
れ替える]を選択します(図 1-21③)。

(2) 表を崩さず列(行)を移動する

B 列の浅草支店のデータを F 列(新橋
支店の右側)に移動します。

図 1-21

① セル B2 からセル B8 のデータを選択して、[クリップボード]グループ－[切り取り]ボタン
をクリックします(図 1-22①)。

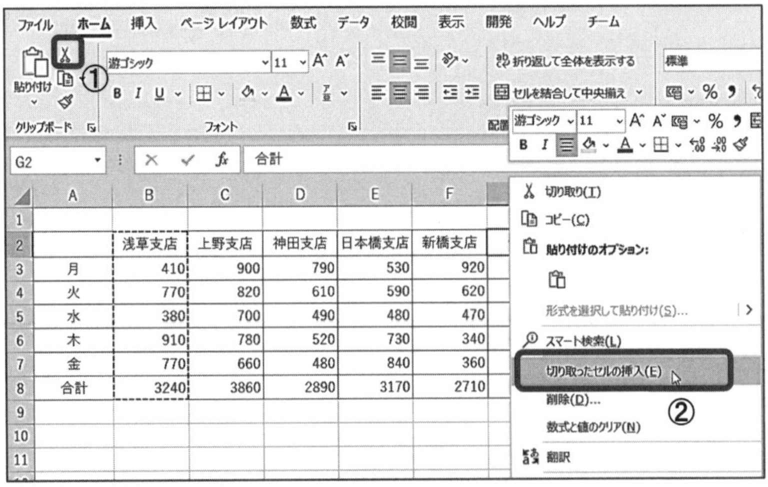

図 1-22

② セル G2(新橋支店の右側)を右クリックして、表示されるメニューの[切り取ったセルの
挿入]を選択します(図 1-22②)。

Excel

Chapter 2
書式

8 書式の設定

【ホーム】タブ ▶【フォント】グループ

(1) 基本的な変更

フォントを MSP 明朝、14 サイズ、青色、太字に変えます。

① 範囲を選択して、[ホーム]タブー[フォント]グループの[フォント] 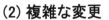 を「MSP 明朝」、[サイズ] 11 を「14」、[フォントの色] を「青」に設定して、[太字]ボタン B をクリックします(図 2-1)。図 2-3(1)のようになります。

図 2-1

(2) 複雑な変更

(A)取り消し線を付ける

① 取り消し線を付ける範囲を選択して、[フォント]グループ右下の[セルの書式設定]ダイアログボックス起動ツール をクリックします(図 2-1)。

② 表示される[セルの書式設定]ダイアログボックスー[フォント]タブー[文字飾り]の[取り消し線]にチェック(図 2-2(A))ー[OK]ボタンをクリックします。

図 2-2

③ 図 2-3(2)A のように取り消し線が付きます。

(B) X^2 を表示する

① セルの「2」の部分を選択します(図 2-4)。上記(A)の②で表示される[フォント]タブー[文字飾り]で[上付き]をチェック(図 2-2(B))ー[OK]ボタンをクリックします。

② 図 2-3(2)B のように表示されます。

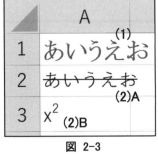

図 2-3

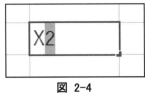

図 2-4

9 セル内の配置を設定

【ホーム】タブ ▶ 【配置】グループ ▶ （A）アイコン、または（B）⤵

（1）セル内の配置を変更

セル D2 のデータを縦方向に下揃え、横方向に中央揃えにします。

① セル D2 を選択します。

（A）[ホーム]タブー[配置]グループー[下揃え]ボタン⎯と[中央揃え]ボタン⎯をクリックします（図 2-5）。

（B）[配置]グループの⤵をクリックして、表示される[セルの書式設定]ダイアログボックスー[配置]タブー[横位置]を「中央揃え」、[縦位置]を「下位置」に設定して[OK]ボタンをクリックします（図 2-6）。

② 図 2-7(1)のようになります。

（2）データの方向を変える

セル B3 からセル D3 のデータを左回りに回転します。

① セル B3 からセル D3 を選択して、

（A）[配置]タブー[方向]ボタン⎯ー[左回りに回転]をクリックします（図 2-5）。

（B）[セルの書式設定]ダイアログボックスの[配置]タブの[方向]から位置を設定して[OK]ボタンをクリックします（図 2-6）。

② 左回りに回転します（図 2-7(2)）。

（3）タイトルを表に対して中央に配置

セル A1 に入力されているタイトルを表（A列からD列）の中央に配置します（セルを結合して中央揃え）。

① セル A1 からセル D1 まで選択します。

（A）[配置]グループー[セルを結合して中央揃え]ボタン⎯をクリックします（図 2-5）。

（B）[セルの書式設定]ダイアログボックスの[配置]タブの[横位置]を「中央揃え」、文字の制御から[セルを結合する]を設定して[OK]ボタンをクリックします。

② セルが結合されて中央に文字が配置されます（図 2-7(3)）。

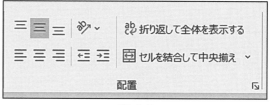

図 2-5

図 2-6

図 2-7

10　文字数が多い場合のセルの処理

【ホームタブ】▶【配置グループ】▶【折り返して全体を表示する】/【縮小して全体を表示する】

(1) データを折り返して表示する

　セル E1 を選択して、[ホーム]タブ－[配置]グループ－[折り返して全体を表示する]ボタン 折り返して全体を表示する をクリックします（図 2-8 の A）。データが折り返して表示されます（図 2-9）。
※　図 2-10 の(1)を選択しても同様にできます。

図 2-8

(2) セルの幅に文字の大きさを合わせる

　① セルを選択して、[配置]グループ－[セルの書式設定]ダイアログボックス起動ツール（図 2-8 の B)をクリックします。

図 2-9

　② 表示される[セルの書式設定]ダイアログボックスの[配置]タブ－[文字の制御]の[縮小して全体を表示する]にチェックを入れて[OK]ボタンをクリックします（図 2-10 (2)）。データが縮小して表示されます（図 2-11）。

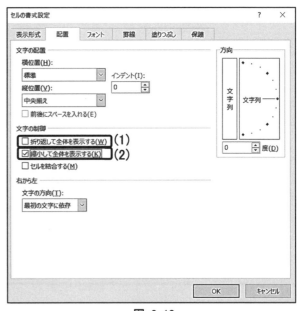
図 2-10

図 2-11

(3) 任意の位置で折り返す

　「神奈川県横浜市神奈川区六角橋」を「横浜市」の後ろで折り返したい場合は、セルをダブルクリックして、カーソルを「横浜市」と「神奈川区」の間に移動して、Alt キーを押したまま Enter キーを押します（図 2-12）。

図 2-12

11 境界線と文字列、文字列間にスペースの挿入

【ホーム】タブ ▶ 【配置】グループ

(1) 境界線と文字列の間にスペースを入れる

セル E1 に境界線と文字列の間に 1 文字分のスペースを入れます。

セル E1 を選択して、[ホーム]タブ−[配置]グループ−[インデントを増やす]ボタン📇をクリックします（図 2-13）。図 2-14 のようにスペースが入ります。

※ スペースを解除するには、もう一度セルを選択して、[配置]グループの[インデントを減らす]ボタン📇をクリックします（図 2-13）。

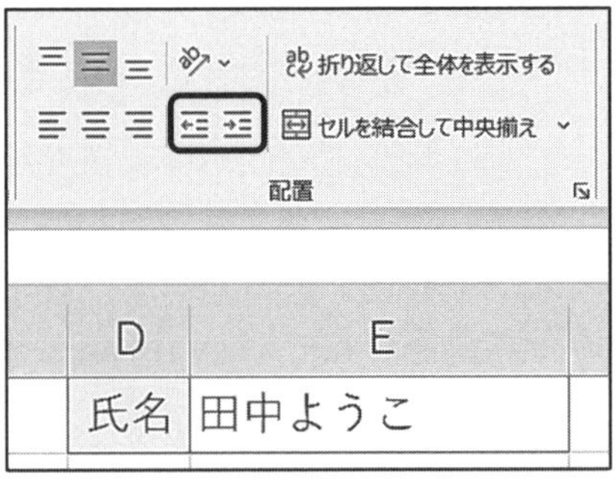

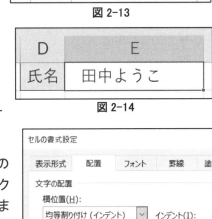

図 2-13

図 2-14

(2) 文字と文字の間に均等にスペースを入れる

図 2-13 のセル E1 の文字と文字の間に均等にスペースを入れます（図 2-15）。

① セル E1 を選択して、図 2-13 の[配置]グループの右下にあるダイアログボックス起動ツール📇をクリックして[セルの書式設定]ダイアログボックスを表示します。

② [配置]タブの[横位置]の▽をクリックして、[均等割り付け（インデント）]を選択し（図 2-16）、[OK]ボタンをクリックします。

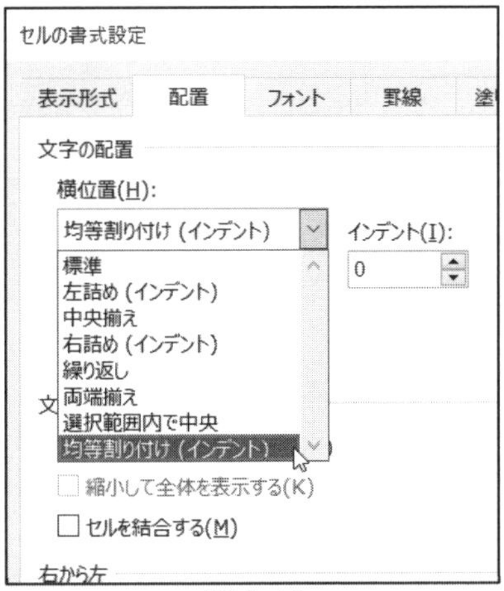

図 2-15

図 2-16

※ 均等割り付けをした文字の前後にスペースを入れるには、図 2-16 の[セルの書式設定]ダイアログボックスの[配置]タブで[前後にスペースを入れる]にチェックを入れます（図 2-17）。

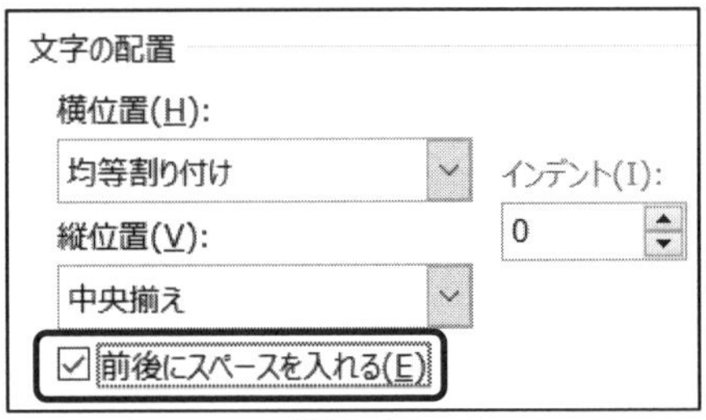

図 2-17

12 セルに色や模様の設定

【塗りつぶしの色】ボタンまたは 🔲 ▶ 【塗りつぶし】タブ

(1) セルに色を設定する

セル B1 からセル D1 まで薄い緑に設定します。

① セル B1 からセル D1 までを選択して、[ホーム]タブー[フォント]グループー[塗りつぶしの色]ボタンの右隣の ✓ をクリックし、表示されるメニューから薄い緑色を選択します(図 2-18)。

(2) 網掛けを設定する

セル B1 からセル D1 まで背景は黄色で 12.5%の赤色の網掛けにします。

① セル B1 からセル D1 まで選択して、[フォント]グループの右下にある[セルの書式設定]ダイアログボックス起動ツール 🔲 をクリックします。

② 表示される[セルの書式設定]ダイアログボックスで[塗りつぶし]タブを選択して、[背景色]を「黄色」、[パターンの色]を「赤」、[パターンの種類]を「12.5%」に選択し、[OK]ボタンをクリックします(図 2-19)。

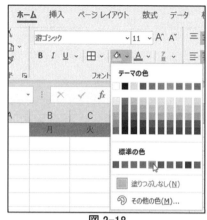

図 2-18

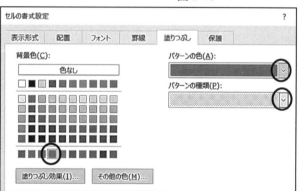

図 2-19

(3) 模様を設定する

セル B1 からセル D1 まで黄色とオレンジ色、グラデーションの種類は「中央から」に設定します。

① 上記(2)の操作の [塗りつぶし]タブで、左中央にある[塗りつぶし効果]ボタンをクリックします(図 2-19)。

② 表示される[塗りつぶし効果]ダイアログボックスの[色]を「2 色」にチェックを入れて、色 1 に「黄色」と色 2 に「オレンジ色」を選び、[グラデーションの種類]を[中央から](必要に応じて[バリエーション]を選択)を選んで[OK]ボタンを選択します(図 2-20)。

③ [塗りつぶし効果]ダイアログボックスに戻るので、[OK]ボタンをクリックします。

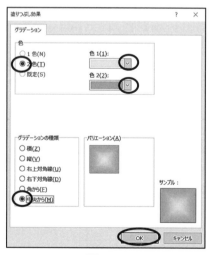

図 2-20

13 罫線

【ホーム】タブ ▶ 【フォント】グループ ▶ 【罫線】ボタン

(1) 罫線を簡単に付ける

セル A1 からセル D4 に格子の罫線、セル A1 からセル D1 に二重罫線を付けます。

① セル A1 からセル D4 を選択して、[ホーム]タブ－[フォント]グループ－[罫線]ボタン ⊞ ∨ の ∨ をクリックします（図 2-21①）。

② 表示されるメニューから[格子]を選択します（図 2-21②）。

③ 次にセル A1 からセル D1 まで選択して、図 2-21 のメニューで[下二重罫線]を選択します（図 2-21③）。

図 2-21

	A	B	C	D
1	種類	単価	個数	金額
2	あんぱん	120	2	240
3	ジャムパン	150	2	300
4	カレーパン	180	3	540

図 2-22

(2) 罫線の色や種類の変更

表の 2 行目と 3 行目の下に青い破線の罫線を設定します。

① 図 2-21 のメニューで[線の色]－「青」、[線のスタイル]－「破線」を選択します（図 2-21(2)①）。

② マウスポインターの形がペンの形 🖊 になっているのを確認して、表に対して 4 行目の下と 5 行名の下の罫線をドラッグします（図 2-23）。

	A	B	C	D
1	種類	単価	個数	金額
2	あんぱん	120	2	240
3	ジャムパン	150	2	300
4	カレーパン	180	3	540

図 2-23

(3) マウスポインターの形を元に戻す

Esc キーを押します。

(4) 罫線を削除する

図 2-21 のメニューで[罫線の削除]を選択し（図 2-21(4)）、マウスポインターの形が消しゴムの形 🧽 になったら、削除したい線をドラッグします（図 2-24）。

D
金額
240
300
540

図 2-24

14　タイトルと表を上手に装飾

【ホーム】タブ ▶ 【スタイル】グループ

(1) テーマを設定する

「ウィスプ」を設定します。

① ［ページレイアウト］タブ－［テーマ］グループ－［テーマ］－「ウィスプ」を選択します（図 2-25）。

図 2-25

(2) 設定したテーマのスタイルを利用する

表のタイトルに［見出し 1］を設定します。

タイトルを選択して、［ホーム］タブ－［スタイル］グループ－［セルのスタイル］ボタン－［見出し1］を選択します（図 2-26）。

(3) 表にスタイルを使う

① 表の中の任意のセルをクリックして、［ホーム］タブ－［スタイル］グループ－［テーブルとして書式設定］－表のスタイルを選択します（図 2-27）。

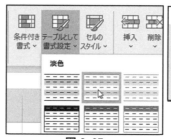
図 2-27

② ［テーブルとして書式設定］ダイアログボックスが表示されるので、範囲を確認して［OK］ボタンをクリックします（図 2-28）。

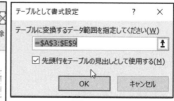
図 2-28

③ ［テーブルデザイン］タブ－［ツール］グループ－［範囲に変換］をクリックします（図 2-29）。「テーブルを標準範囲に変換しますか？」と聞いてくるので、［はい］ボタンをクリックします。

図 2-29

④ 図 2-30 のように表のデザインが設定されます。

※ 表の形式を変更したい場合は、［テーブルデザイン］タブ－［テーブルスタイルオプション］で変更します（図 2-29）。

	A	B	C	D	E
1	年度別申し込み状況				
3	年齢	2017年	2018年	2019年	2020年
4	20代	12	15	25	25
5	30代	35	38	42	48
6	40代	48	41	38	37
7	50代	32	28	29	30
8	60代	15	12	18	10
9	合計	142	134	152	150

図 2-30

図 2-26

15 新しいスタイルの登録

【ホーム】タブ ▸ 【スタイル】グループ

(1) 新しいスタイルの登録

セル A1の書式を「項目スタイル」として登録します。

① セル A1 を選択して、[ホーム]タブ−[スタイル]グ
ループ−[セルのスタイル]ボタンをクリックします。

② 表示されるメニューから[新しいセルのスタイル]
を選択します(図 2-31)。

③ [スタイル]ダイアログボックスが表示されるので、
[スタイル名]を「項目名スタイル」と入力して、[OK]ボ
タンをクリックします(図 2-32)。

(2) 登録したスタイルを利用する

登録したスタイルを、セル B1 で利用します。

① セル B1 を選択して上記(1)①の操作で表示され
るメニューから[ユーザー設定]に登録されている[項
目スタイル]を選びます(図 2-33)。

図 2-31

図 2-32

図 2-33

Column 書式をコピーする

複写元であるセルを選択し、[ホーム]タブ−[クリップボード]グループ−[書式のコピー/貼
り付け]ボタン をクリックして、複写先であるセルを選択すると書式がコピーされます。

16　値の大きさをセル内で視覚的に表示

【ホーム】タブ ▶ 【スタイル】グループ ▶ 【条件付き書式】ボタン

(1) 平均より上の点数を強調表示する

平均より上の点数を濃い赤の文字、明るい赤の背景に設定します。

① データの範囲を選択して、[ホーム]タブ－[スタイル]グループ－[条件付き書式]ボタン－[上位/下位ルール]－[平均より上]を選択します(図 2-34)。

② 表示される[平均より上]ダイアログボックスで[選択範囲内での書式]を「濃い赤の文字、明るい赤の背景」を選択して、[OK]ボタンをクリックします(図 2-35)。

図 2-34

(2) データの大きさをアイコンで表示

80 点以上は緑色、それ以外で 60 点以上は黄色、それ以外は赤色の丸に設定します。

① データの範囲を選択して、上記(1)①より表示されるメニュー(図 2-34)から[アイコンセット]－[その他のルール]を選択します。

② 表示される[新しい書式ルール]ダイアログボックスで[種類]を上下とも「数値」、[値]を上から「80」、「60」、記号を上下とも「>=」に設定して、[OK]ボタンをクリックします(図 2-36)。

(3) ルールを解除する

範囲を選択して、(1)①で表示されるメニュー(図 2-34)の[ルールのクリア]－[選択したセルからルールをクリア]を選択します。

図 2-35

図 2-36

Excel

Chapter 3
計算式、関数、分析

17　計算式の作成

=を入力してセル番地で計算

(1) 計算する

単価と個数から金額(=単価×個数)を計算します。

① セル D3 に「=」を入力し、セル B3 をクリックして、そのまま「*」を入力し、セル C3 をクリックします。セル D3 には「=B3*C3」と入力されていることを確認して、Enter キーを押します(図 3-1)。

	A	B	C	D
1				
2	種類	単価	個数	金額
3	メロンパン	180	5	=B3*C3

図 3-1

(2) 式のコピー

セル D4 からセル D6 まで金額を計算します。

セル D3 を選択して右下の■にマウスポインターを合わせて、マウスポインターの形状が＋の形になったらセル D6 までドラッグします(図 3-2)。

	A	B	C	D
1				
2	種類	単価	個数	金額
3	メロンパン	180	5	900
4	あんぱん	150	2	
5	カレーパン	160	3	
6	クリームパン	150	5	

図 3-2

(3) 値を参照する

セル D9 でセル D7 の値を参照します。

セル D9 に「=」を入力して、セル D7 をクリックします。セル D9 には「=D7」と入力されていることを確認したら、Enter キーを押します(図 3-3)。

6	クリームパン	150	5	750
7	合計金額			2430
8				
9	請求金額		=D7	円

図 3-3

Column 算術演算子について

■ 算術演算子

算術演算子	意味	算術演算子	意味	算術演算子	意味
+	加算	*	乗算	^	べき乗
−	減算	/	除算		

18　割合の計算

【絶対参照】または【複合参照】を使う

(1) 割合を求める

それぞれの通学区間の人数の割合を求めます。

① 人数の合計を使って、それぞれの通学間の割合を求めます。セル C3 に「=B3/B9」と入力し（図 3-4）すぐに F4 キーを 1 回押します（絶対参照にします）。

	A	B	C
1			
2	通学区間	人数	割合
3	～20分	10	=B3/B9

図 3-4

	A	B	C
1			
2	通学区間	人数	割合
3	～20分	10	=B3/$B$9

図 3-5

② 「=B3/$B$9」となる（図 3-5）のを確認して、 Enter キーを押します。

③ 式のコピー(17(2))を使って、セル C3 の式をセル C4 からセル C8 まで式のコピーをします（図 3-6）。

	A	B	C
1			
2	通学区間	人数	割合
3	～20分	10	0.052632
4	20～40分	55	0.289474
5	40～60分	72	0.378947
6	60～80分	30	0.157895
7	80～100分	20	0.105263
8	100分～	3	0.015789
9	合計	190	

図 3-6

Column　相対参照、絶対参照、複合参照とは

相対参照とは、式でセルを参照している場合、その式がコピーされたとき、セル番地が自動的に変化し、数式が入力されているセルと参照先のセルとの相対的な位置関係がコピー先に保たれる参照の方法です。普通の式のコピーはこれになります。

絶対参照とは、式をコピーした場合でもセル番地が変化せず固定したままにできる参照形式です。セル番地の行と列に「$」を付けて表します。例えば$A$4 は A 列の固定、4 行目の固定で、セル A4 が固定されます。これが絶対参照です。 F4 キーを 1 回押すと絶対参照になります。

複合参照とは、列のみ固定、また行のみ固定にする参照の方法です。固定する方に「$」を付けます。例えば A$4 とすれば、4 行目のみ固定、A 列は相対になります。 F4 キーを 2 回押すと行のみ固定、3 回押すと列のみ固定になります。上記の場合、複合参照を使って割合を求めると、セル C3 は「=B3/B$9」となり、行のみを固定します。

19　合計と平均値を求める関数

【SUM 関数】と【AVERAGE 関数】

(1) 合計を求めるには

セル B7 に各支店の売上金額の合計を求めます。

セル B7 に「=SUM(」と入力します。続けて範囲となるセル B3 からセル B6 までドラッグします。セル B7 に「=SUM(B3:B6」と入力されていることを確認したら、「)」を入力して Enter キーを押します（図 3-7）。図 3-9 のように計算されます。

(2) 平均値を求めるには

セル B8 に各支店の売上金額の平均値を求めます。

セル B8 に「=AVERAGE(」と入力します。続いて範囲となるセル B3 からセル B6 をドラッグし、セル B8 に「=AVERAGE(B3:B6 」と入力されていることを確認したら、最後に「)」を入力して Enter キーを押します（図 3-8）。図 3-9 のように計算されます。

	A	B
1		
2	支店名	売上金額(円)
3	巣鴨支店	3,586,000
4	駒込支店	5,896,000
5	田端支店	8,562,000
6	日暮里支店	4,568,000
7	合計	=SUM(B3:B6)
8	平均値	

図 3-7

6	日暮里支店	4,568,000
7	合計	22,612,000
8	平均値	=AVERAGE(B3:B6)

図 3-8

合計	22,612,000
平均値	5,653,000

図 3-9

Column　プルダウンメニューと、関数について

■ プルダウンメニュー

関数を直接入力すると、入力の途中からプルダウンで関数の候補が表示されたメニューが出てきます。このプルダウンメニューから関数を選択すると、入力の手間が省けます（図 3-10）。

平均値	=av
	AVEDEV
	AVERAGE
	AVERAGEA
	AVERAGEIF
	AVERAGEIFS

図 3-10

■ 関数について

関数名	意　味
SUM(範囲)	範囲の合計を求めます。
AVERAGE(範囲)	範囲の平均値を求めます。

20　最大値、最小値、データ数を求める関数

【MAX 関数】、【MIN 関数】、【COUNT 関数】、【COUTA 関数】

(1) 最大値(または最小値)を求める

　最大値を求めるには MAX 関数、最小値を求めるには MIN 関数を使います。各支店の売上金額の最大値をセル B7 に、最小値をセル B8 に求めます。

　セル B7 に「=MAX(B3:B6)」(図 3-11)、セル B8 に「=MIN(B3:B6)」と設定します(入力の仕方は 19 を参照)。図 3-12 のように結果が表示されます。

(2) データの入ったセルの数を求める

　データの入ったセルの数を数えるには COUNTA 関数を使います。セル C11 に申し込み人数を求めます。

　セル C11 に「=COUNTA(A3:A9)」と設定します(入力の仕方は 19 を参照)(図 3-13)。図 3-14 のように計算されます。

(3) 数値の入ったセルの数を求める

　数値の入ったセルのみを数えるには、COUNT 関数を使います。セル C12 に国語、セル C13 に数学の受験者数を求めます。セル C12 に「=COUNT(B3:B9)」(図 3-14)、セル C13 に「=COUNT(C3:C9)」と設定します(入力の仕方は 19 を参照)。図 3-15 のように計算されます。

	A	B
1		
2	支店名	売上金額(円)
3	巣鴨支店	3,586,000
4	駒込支店	5,896,000
5	田端支店	8,562,000
6	日暮里支店	4,568,000
7	最大値	=MAX(B3:B6)
8	最小値	

図 3-11

7	最大値	8,562,000
8	最小値	3,586,000

図 3-12

	A	B	C	D
1				
2	受験番号	国語	数学	
3	gt1001	80	欠席	
4	gt1002	90	欠席	
5	gt1003	欠席	100	
6	gt1004	欠席	70	
7	gt1005	90	80	
8	gt1006	90	欠席	
9	gt1007	100	70	
10				
11	申し込み人数	=COUNTA(A3:A9)		
12	国語受験者数			
13	数学受験者数			

図 3-13

11	申し込み人数	7
12	国語受験者数	=COUNT(B3:B9)
13	数学受験者数	

図 3-14

11	申し込み人数	7
12	国語受験者数	5
13	数学受験者数	4

図 3-15

21　1つの条件によって真偽を判断する関数

【IF 関数】

(1) 1つの条件によって真偽を判断する：IF(論理式，真の場合，偽の場合)

　　条件によって判断するには、IF 関数
を使います。セル C3 からセル C9 に、
点数が 80 点以上のとき「合格」、そうで
ないとき「不合格」と表示します。

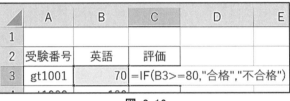

図 3-16

　① セル C3 に「＝IF(B3>=80」を入力
して、区切りであるカンマ「，」を入力
します。

　② 真の場合に「"合格"」、区切りであるカンマ
「，」を入力して、偽の場合に「"不合格"」、最後に
「)」を入力して Enter キーを押します。セル
C3 の関数は「=IF(B3>=80,"合格","不合格")」と
なります。
　※ ダブルコーテーション(")は半角であること
　　に注意しましょう。

　③ 式のコピー(参考 17 (2))を使ってセル C3 の
式をセル C4 からセル C9 までコピーします(図
3-17)。図 3-18 のような結果になります。

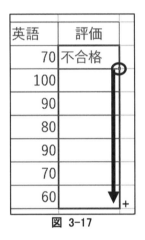

図 3-17

図 3-18

　※ IF 関数は、論理式の真偽によって、処理を分岐します。処理として文字列を表示する
　　ときはダブルコーテーション(")で囲みます。

Column　比較演算子について

論理式は、比較演算子を使って表します。

比較演算子	意　味	例
=	等しい	C4=10　：セル C4 が 10 に等しいとき
<>	等しくない	C4<>10：セル C4 が 10 と等しくないとき
>	より大きい	C4>10　：セル C4 が 10 より大きいとき
<	より小さい	C4<10　：セル C4 が 10 より小さいとき
>=	以上	C4>=10：セル C4 が 10 以上のとき
<=	以下	C4<=10：セル C4 が 10 以下のとき

22　2つ以上の条件によって真偽を判断する関数

【入れ子構造】と【論理関数】

(1) 入れ子を使う場合

セル C3 に英語が 80 点以上のとき「A」、それ以外で 70 点以上のとき「B」、それ以外のとき「C」と表示します。

	A	B	C	D	E
1					
2	受験番号	英語	評価		
3	gt1001	70	=IF(B3>=80,"A",IF(B3>=70,"B","C"))		

図 3-19

① はじめに「80 点以上のとき「A」」の箇所を作成します。21 と同様で、論理式を「B3>=80」、真の場合を「 "A" 」として、セル C3 に「=IF(B3>=80,"A",」と入力します。

2	受験番号	英語	評価
3	gt1001	70	B

図 3-20

② 次に「それ以外で 70 点以上のとき「B」、それ以外のとき「C」と表示」を作成します。①の式に続けて、偽の場合を「IF(B3>=70,"B","C")」とし、図 3-19 のように「=IF(B3>=80,"A",IF(B3>=70,"B","C"))」と入力して、Enter キーを押します。図 3-20 のように結果が表示されます。

(2) 論理関数を使う方法

午前と午後ともに 80 点以上のとき「合格」、それ以外は「不合格」と表示します。

	A	B	C	D	E	F	G
1							
2	受験番号	午前	午後	評価			
3	ft2001	60	80	=IF(AND(B3>=80,C3>=80),"合格","不合格")			

図 3-21

① 21 の IF 関数の論理式を「AND(B3>=80,C3>=80)」、真の場合を「"合格"」、偽の場合を「"不合格"」として作成します。セル D3 は、「=IF(AND(B3>=80,C3>=80),"合格","不合格")」となります(図 3-21)。結果は、図 3-22 のようになります。

2	受験番号	午前	午後	評価
3	ft2001	60	80	不合格

図 3-22

Column　論理関数の種類

関数名	意　味
AND(論理式 1,論理式 2, ・・・)	全ての論理式が条件を満たしている場合のみ真、それ以外は偽を返します。
OR(論理式 1,論理式 2, ・・・)	いずれかの論理式が条件を満たしている場合に真、すべて満たしていない場合に偽を返します。
NOT(論理式)	論理式の論理値の逆を返します。

23 基本統計量を求める関数

【MEDIAN 関数】、【MODE.SNGL 関数】、【VAR.P 関数】、【STDEV.P 関数】

(1) 中央値を求める：MEDIAN(範囲)

中央値を求めるには MEDIAN 関数を使います。セル D3 に点数の中央値を求めます。図 3-23(1)のように、セル D3 に「=MEDIAN(B3:B12)」と設定します(入力の仕方は 19 を参照)。結果は図 3-24(1)のようになります。

	A	B	C	D
1				
2	受験番号	点数		中央値
3	fr3001	100		=MEDIAN(B3:B12) **(1)**
4	fr3002	90		最頻値
5	fr3003	90		=MODE.SNGL(B3:B12)**(2)**
6	fr3004	60		分散
7	fr3005	70		=VAR.P(B3:B12) **(3)**
8	fr3006	70		標準偏差
9	fr3007	70		=STDEV.P(B3:B12) **(4)**
10	fr3008	80		
11	fr3009	100		
12	fr3010	80		

図 3-23

(2) 最頻値を求める：MODE.SNGL(範囲)

最頻値を求めるには MODE.SNGL 関数を使います。セル D5 に点数の最頻値を求めます。

(1)と同様に、セル D5 に「=MODE.SNGL(B3:B12)」と設定します(図 3-23(2))。結果は図 3-24(2)のようになります。

※ 最頻値が複数ある場合は最初に出てくる値が優先されます。複数の最頻値を求めるには MODE.MULT 関数があります。

※ 最頻値がない場合はエラーを返します。

(3) 分散を求める：VAR.P(範囲)

範囲を母集団全体とみて分散を求めるには、VAR.P 関数を使います。セル D7 に点数の分散を求めます。(1)と同様に、セル D7 に「=VAR.P(B3:B12)」と設定します(図 3-23(3))。結果は図 3-24(3)のようになります。

中央値	
(1)	80
最頻値	
(2)	70
分散	
(3)	169
標準偏差	
(4)	13

図 3-24

(4) 標準偏差を求める：STDEV.P(範囲)

範囲を母集団全体とみて標準偏差を求めるには、STDEV.P 関数を使います。セル D9 に点数の標準偏差を求めます。(1)と同様に、セル D9 に「=STDEV.P(B3:B12)」と設定します(図 3-23(4))。結果は図 3-24(4)のようになります。

24 四捨五入、切り上げ、切り捨てを求める関数

【ROUND 関数】、【ROUNDUP 関数】、【ROUNDDOWN 関数】、【INT 関数】

(1) 四捨五入：ROUND(数値, 桁数)

セル B4 にセル B2 の値を小数点 3 桁目で四捨五入して、小数点 2 桁で表示します。

四捨五入をするには ROUND 関数を使います。セル B4 には「=ROUND(B2,2)」と設定します（図 3-25(1)）。図 3-26(1)のような結果になります。

※ 桁数は、図 3-27 のように、小数点以下 1 位は「1」、小数点以下 2 位は「2」、・・・、一の位は「0」、十の位は「-1」、百の位は「-2」、・・・となります（図 3-27）。

	A	B
1		
2	値	3112.4578
3		
4	四捨五入	=ROUND(B2,2)　　(1)
5	切り上げ	=ROUNDUP(B2,2)　(2)
6	切り捨て1	=ROUNDDOWN(B2,2) (3)
7	切り捨て2	=INT(B2)　　(4)

図 3-25

四捨五入	(1)	3112.46
切り上げ	(2)	3112.46
切り捨て1	(3)	3112.45
切り捨て2	(4)	3112

図 3-26

(2) 切り上げ：ROUNDUP(数値, 桁数)

セル B5 にセル B2 の値を小数点 3 桁目で切り上げして、小数点 2 桁で表示します。切り上げをするには、ROUNDUP 関数を使います。セル B5 は「=ROUNDUP(B2,2)」と設定します（図 3-25(2)）。図 3-26(2)のような結果になります。

(3) 切り捨て：ROUNDDOWN(数値, 桁数)

セル B6 にセル B2 の値を小数点 3 桁目で切り捨てして、小数点 2 桁で表示します。切り捨てをするには、ROUNDDOWN 関数を使います。セル B6 の式は「=ROUNDDOWN(B2,2)」と設定します（図 3-25(3)）。図 3-26(3)のような結果になります。

(4) 小数部分のみ切り捨て：INT(数値)

セル B7 にセル B2 の値を小数部分で切り捨てして、整数部分のみをセル B7 に表示します。整数部分のみ表示するには INT 関数を使います。セル B7 の式は「=INT(B2)」となります（図 3-25(4)）。図 3-26(4)のような結果になります。

千の位	百の位	十の位	一の位		小数点以下1位	小数点以下2位	小数点以下3位	小数点以下4位
3	1	1	2	.	4	5	7	8
↓	↓	↓	↓		↓	↓	↓	↓
桁数 -3	-2	-1	0		1	2	3	4

図 3-27

25　順位に関する関数

【RANK.EQ 関数】、【RANK.AVG 関数】、【LARGE 関数】、【SMALL 関数】

（1）データの順位を求める

英語の点数の順位を求めます。点数が同じ場合は、同じ整数の順位が表示されるように、RANK.EQ 関数を使います。セル C3 には「=RANK.EQ(B3,$B$3:$B$9,0)」と設定します（図3-28(1)）。ここで範囲は式のコピーをするため絶対参照に設定しました。セル C3 の式をセル C4 からセル C9 までコピーすると（参考 17 (2)）図 3-29(1)のように結果が表示されます。

（2）指定した順位のデータを表示する

セル E6 に点数で大きいほうから 2 番目のデータを求めるには、LARGE 関数を使います。セル E6 は「=LARGE(B3:B9,2)」と設定します（図 3-28(2)）。結果は図 3-29(2)のようになります。

	A	B	C	D	E
1					
2	受験番号	英語	順位	(1)	
3	gt1001	70	=RANK.EQ(B3,$B$3:$B$9,0)		
4	gt1002	100			
5	gt1003	90		大きい方から2番目	
6	gt1004	80		=LARGE(B3:B9,2)	
7	gt1005	90		(2)	
8	gt1006	70			
9	gt1007	60			

図 3-28

	A	B	C	D	E
1					
2	受験番号	英語	順位	(1)	
3	gt1001	70	5		
4	gt1002	100	1		
5	gt1003	90	2	大きい方から2番目	
6	gt1004	80	4	90	
7	gt1005	90	2	(2)	
8	gt1006	70	5		
9	gt1007	60	7		

図 3-29

Column　関数について

関数名	意　味
RANK.EQ(数値,範囲,順序)	範囲の中で数値の順位を求めます。複数のデータが同じ順位となる場合、同順位がつき、それ以降の数値の順位がずれます。
RANK.AVG(数値,範囲,順序)	範囲の中で数値の順位を求めます。複数のデータが同じ順位になる場合は、平均の順位となります。
順序は降順(・・・3,2,1)の場合は「0」(省略可)、昇順(1,2,3,・・・)の場合は「1」(省略不可)を指定します。	
LARGE(範囲,順位)	範囲の中で、大きい方から順位番目のデータを求めます。
SMALL(範囲,順位)	範囲の中で、小さい方から順位番目のデータを求めます。

26 複数シートの同じセルにあるデータの集計

【3D 集計】

（1）複数のシートの同じセル番地のデータを集計するには

「集計表」シートに「浅草支店」シートから「上野支店」シートまでの集計をします。複数のシートには同じ形式の表があることが前提です。

※ このような集計を「3D 集計」といいます。

① 「月」の「あんぱん」の売上個数の集計を「集計表」シートのセル B4 に行います。「集計」シートのセル B4 をクリックして、「=SUM(」と入力します（図 3-30）。

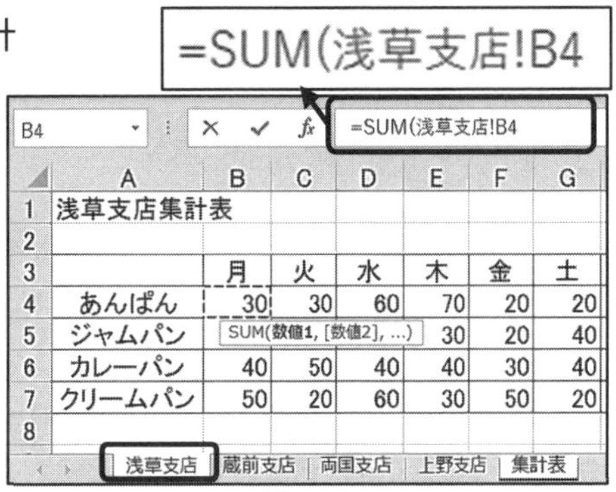

② そのまま「浅草支店」シートのシート見出しをクリックして、「浅草支店」シートのセル B4 を選択します（図 3-31）。数式バーをみると、式は「=SUM(浅草店!B4」となっています。

※ 浅草支店の右の「!」はシートを指しています。

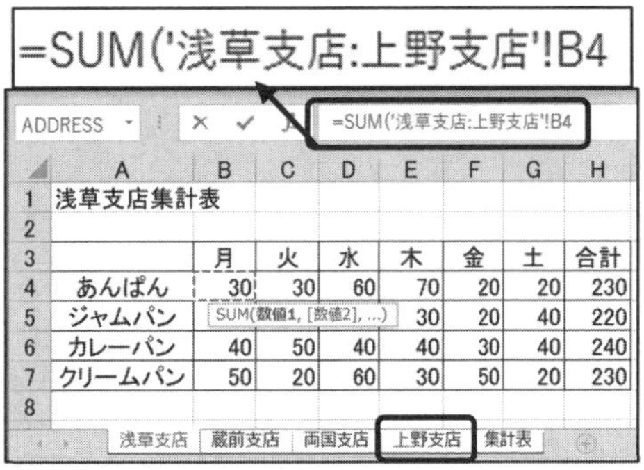

③ Shift キーを押したまま「上野支店」シートのシート見出しをクリックすると、数式バーに表示される式が、図 3-32 のようになります。そのまま、Enter キーを押すと、「集計表」シートのセル B4 に合計が求められます。

④ 「集計表」シートのセル B4 の式を他のセルへ式のコピーをします（参考 17（2））（図 3-33）。

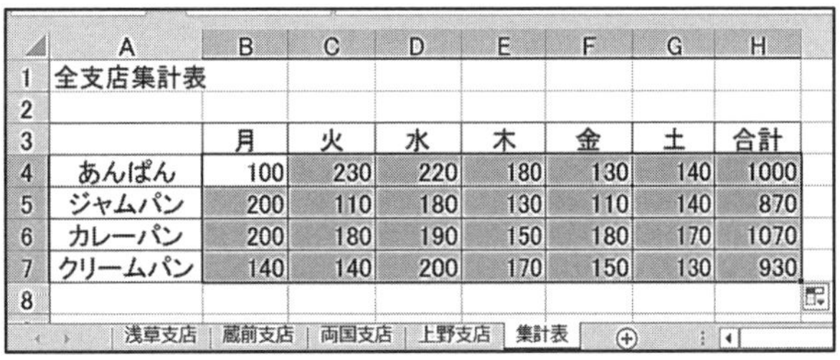

図 3-30

図 3-31

図 3-32

図 3-33

27 1つの条件を満たすデータの合計などを求める関数

【SUMIF 関数】、【AVERAGEIF 関数】、【COUNTIF 関数】

(1) 条件を満たすデータの合計を求める

セル F2 にコーヒー豆の注文数の合計を求めます。範囲を「セル B3 からセル B12」、条件を「″コーヒー豆″」、合計範囲を「セル C3 からセル C12」として、SUMIF 関数を使います。

	A	B	C	D	E	F
1						
2	注文日	商品名	注文数		コーヒー豆の注文数合計	=SUMIF(B3:B12,"コーヒー豆",C3:C12)
3	3/1	コーヒー豆	35		コーヒー豆の注文数平均	=AVERAGEIF(B3:B12,"コーヒー豆",C3:C12)
4	3/2	ティーパック	45		注文数が30以上の日数	=COUNTIF(C3:C12,">=30")
5	3/3	スティックシュガー	15			
6	3/4	ミルク	30			
7	3/5	コーヒー豆	35			
8	3/6	スティックシュガー	20			
9	3/7	コーヒー豆	10			
10	3/8	スティックシュガー	40			
11	3/9	スティックシュガー	30			
12	3/10	ミルク	10			

=SUMIF(B3:B12,"コーヒー豆",C3:C12)	(1)
=AVERAGEIF(B3:B12,"コーヒー豆",C3:C12)	
=COUNTIF(C3:C12,">=30")	(2)

図 3-34

セル F2 は「=SUMIF(B3:B12,″コーヒー豆″,C3:C12)」と設定します(図 3-34(1))。図 3-35(1)のような結果となります。

コーヒー豆の注文数合計	(1)	80
コーヒー豆の注文数平均		26.666667
注文数が30以上の日数	(2)	6

図 3-35

(2) 条件を満たすデータ数を求める

セル F4 に、注文数が 30 以上の日数を求めます。範囲「セル C3 からセル C12」、条件を「″>=30″」として、COUNTIF 関数を使います。

セル F4 は「=COUNTIF(C3:C12,″>=30″)」と設定します(図 3-34(2))。図 3-35(2)のような結果になります。

※ 条件は「″>=30″」のように、ダブルコーテーションで囲みます。

Column 関数について

関数名	意 味
SUMIF(範囲,条件,合計対象範囲)	範囲から 1 つの条件に一致する行の合計範囲のデータの合計を求めます。
AVERAGEIF(範囲,条件,平均対象範囲)	範囲から 1 つの条件に一致する行の平均対象範囲のデータの平均を求めます。
COUNTIF(範囲,条件)	範囲から 1 つの条件に一致するセルの数を求めます。

28 複数の条件を満たすデータの合計などを求める関数

【SUMIFS 関数】、【AVERAGEIFS 関数】、【COUNTIFS 関数】

(1) 条件を満たすデータの合計を求める

セル G2 に支店 1 のコーヒー豆の注文数の合計を求めます。合計対象範囲を「セル C3 からセル C16」、条件範囲 1 を「セル B3 からセル B16」、条件 1 を「コーヒー豆」、条件範囲 2 を「セル D3 からセル D16」、条件 2 を「支店 1」として、SUMIFS 関数を使います。

図 3-36

セル G2 は「=SUMIFS(C3:C16,B3:B16,"コーヒー豆",D3:D16,"支店1")」と設定します(図 3-36(1))。図 3-37(1)のような結果となります。

(2) 条件を満たすデータ数を求める

セル G4 に、コーヒー豆の注文数が 30 以上の日数を求めます。条件範囲 1 を「セル B3 からセル B16」、条件 1 を「コーヒー豆」、条件範囲 2 を「セル C3 からセル C16」、条件 2 を「">=30"」として、COUNTIFS 関数を使います。

コーヒー豆の支店1の注文数合計	(1)	45
コーヒー豆の支店1の注文数平均		22.5
コーヒー豆の注文数が30以上の日数	(2)	2

図 3-37

セル G4 は「=COUNTIFS(B3:B16,"コーヒー豆",C3:C16,">=30")」と設定します(図 3-36(2))。図 3-37(2)のような結果になります。

Column 関数について

関数名	意 味
SUMIFS(合計対象範囲,条件範囲 1,条件 1, 条件範囲 2,条件 2, …)	範囲から複数条件に一致する行の合計範囲のデータの合計を求めます。
AVERAGEIFS(平均対象範囲,条件範囲 1,条件 1, 条件範囲 2,条件 2, …)	範囲から複数条件に一致する行の平均対象範囲のデータの平均を求めます。
COUNTIFS(,条件範囲 1,条件 1,条件範囲 2,条件 2, …)	範囲から複数条件に一致するセルの数を求めます。

29   検索値をもとにデータから値を抽出

【VLOOKUP 関数】、【HLOOKUP 関数】

(1) 一覧表からデータを取り出す

セル B3 の商品番号をキーとして、商品一覧表か
らセル C3 に商品名を表示します。

VLOOKUP 関数（検索値「セル B3」、範囲「セル
B9 からセル D14」、列番号「2」、検索方法
「FALSE」）を使います。セル C3 の式は下記のよう
になります（図 3-38）。ここで範囲は式のコピーをす
るため、絶対参照に設定しました。

「=VLOOKUP(B3,$B$9:$D$14,2,FALSE)」。

	A	B	C	D	E	F
1			注文			
2		商品番号	商品名	単価	個数	金額
3		1002	=VLOOKUP(B3,$B$9:$D$14,2,FALSE)			
4		1003				
5						
6						
7			商品一覧表			
8		商品番号	商品名	単価		
9		1001	のり弁当	350		
10		1002	から揚げ弁当	420		
11		1003	コロッケ弁当	400		
12		1004	カレーライス	380		
13		1005	焼肉弁当	500		
14		1006	鮭弁当	380		

図 3-38

(2) 商品番号が入力されていないときのエラーを回避する

セル C3 の式をセル C4 からセル C5 までコピーする（参考
17 (2)）と、図 3-39 のようなエラーになります。これはセル B5
に商品番号が入力されていないためです。下記のように、IF
関数（A）と IFERROR 関数（B）を利用して、セル C3 を次のよう
に修正して式のコピーをしてみましょう。

（A）IF 関数で回避：

「=IF(B3="","",VLOOKUP(B3,$B$9:$D$14,2,FALSE))」。こ
こで、ダブルコーテーション 2 つ（""）は空白を表します。セル
B5 に入力がなければ空白になります。

	A	B	C	
1			注	
2		商品番号	商品名	
3		1002	から揚げ弁当	
4		1003	コロッケ弁当	
5			#N/A	
6				

図 3-39

（B）IFERROR 関数で回避：

「=IFERROR(VLOOKUP(B3,$B$9:$D$14,2,FALSE),"")」。IFERROR 関数は左側の式や関
数にエラーがあれば右側の処置をする関数です。

Column 関数について

関数名	意 味
VLOOKUP(検索値,範囲,列番号,検索方法)	範囲の 1 列目に検索値があるか検索して、対応する列番号のデータを表示します。
HLOOKUP(検索値,範囲,行番号,検索方法)	範囲の 1 行目に検索値があるか検索して、対応する行番号のデータを表示します。
IFERROR(値, エラーの場合の値)	左側の値にエラーがあれば、右側の処置になります。

ここで列番号（行番号）は、指定された範囲で左（上）から何列目（行目）かということです。
検索方法は、検索値に指定した値と完全に一致する値（FALSE）と近似値（TRUE）を検索し
ます。該当するデータがない場合、「TRUE」の場合は検索値を超えない最も大きい値を表示
し、「FALSE」の場合はエラーを表示します。

30　文字列の処理

【SUBSTITUTE 関数】、【MID 関数】、【LEFT 関数】、【RIGHT 関数】

(1) 指定した文字列を他の文字列に変更する

D列のメールアドレス 1 の「_a_」を「@」に変更し、メールアドレス 2 に表示します。

文字列を「セル D2」、検索文字列を「"_a_"」、置換文字列を「"@"」として SUBSTITUTE 関数を使います。セル E2 は「=SUBSTITUTE(D2,"_a_","@")」と設定します（図 3-40）。結果は図 3-41 のようになります。

	A	B	C	D	E	F
1	学籍番号	氏名	住所コード	メールアドレス1	メールアドレス2	
2	10101	飯島	J101	f10101_a_yagg-u.ac.jp	=SUBSTITUTE(D2,"_a_","@")	
3	10102	小野	J102	f10102_a_yagg-u.ac.jp		

図 3-40

(2) 文字列を取り出す

A 列のファイル名から 9 文字目より 5 文字を取り出します。

文字列を「セル A2」、開始位置を「9」、文字数

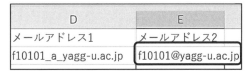

D	E
メールアドレス1	メールアドレス2
f10101_a_yagg-u.ac.jp	f10101@yagg-u.ac.jp

図 3-41

を「5」として MID 関数を使います。セル B2 は「=MID(A2,9,5)」と設定します（図 3-42）。結果は図 3-43 のとおりです。

	A	B
1	ファイル名	学籍番号
2	練習問題1-1_10101飯島.xlsx	=MID(A2,9,5)
3	練習問題1-1_10102小野.xlsx	

図 3-42

1	ファイル名	学籍番号
2	練習問題1-1_10101飯島.xlsx	10101

図 3-43

Column　関数について

関数名	意　味
SUBSTITUTE(文字列,検索文字列,置換文字列,置換対象)	文字列から検索文字列を置換文字列に置き換えます。検索文字列が複数ある場合には、置換対象に何番目かを指定すれば該当番目の検索文字列が置換されます。省略した場合はすべて置換されます。
MID(文字列,開始位置,文字数)	文字列の中の指定した開始位置から文字数を取り出します。
LEFT(文字列,文字数)	文字列の左から文字数分の文字を取り出します。
RIGHT(文字列,文字数)	文字列の右から文字数分の文字を取り出します。

31 拡張機能を追加

【ファイル】タブ ▶ 【オプション】 ▶ 【アドイン】

(1) 拡張機能を追加するには

分析ツールを使えるようにします。

① ［ファイル］タブをクリックし、表示されるメニューの下方にある［オプション］を選択します（図 3-44）。

② 表示される［Excel のオプション］ダイアログボックスの左の［アドイン］を選択し、右に表示される Excel アドインを選択して、［設定］ボタンをクリックします（図 3-45）。

図 3-44

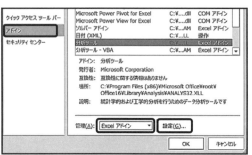

図 3-45

図 3-46

図 3-47

③ 表示される［アドイン］ダイアログボックスで［分析ツール］にチェックを入れて、［OK］ボタンをクリックします（図 3-46）。

④ ［データ］タブに［分析］グループと［データ分析］ボタンが作成されます（図 3-47）。

Column オートカルク

「オートカルク」は選択した範囲（セル B3 からセル B6）の合計や平均などをステータスバーに表示する機能です。ステータスバーを右クリックして表示したい項目にチェックを入れると、ステータスバーに表示できます（図 3-48）。

	A	B	C	D	E	F	G	H	I
1									
2	支店名	売上金額(円)							
3	巣鴨支店	3,586,000							
4	駒込支店	5,896,000							
5	田端支店	8,562,000							
6	日暮里支店	4,568,000							
7	合計	22,612,000							
8	平均値	5,653,000							

マクロの記録(M)	記録停止中
アクセシビリティ チェック	
選択モード(L)	
ページ番号(P)	
平均(A)	5,653,000
データの個数(C)	4
数値の個数(T)	4
最小値(I)	3,586,000
最大値(X)	8,562,000
合計(S)	22,612,000
アップロード状態(U)	
表示選択ショートカット(V)	
ズーム スライダー(Z)	
ズーム(Z)	100%

平均: 5,653,000　データの個数: 4　数値の個数: 4　最小値: 3,586,000　最大値: 8,562,000　合計: 22,612,000

図 3-48

32 基本統計量を簡単に表示

【データ】タブ ▶ 【分析】グループ ▶ 【データ分析】

(1) 基本統計量を簡単に表示する

点数(セル B2 からセル B12)の基本統計量をセル D2 に表示します。

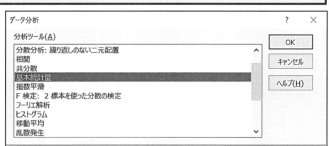

図 3-49

① [データ]タブ−[分析]グループ−[データ分析]ボタンをクリックします(**31** 図 3-47)。[データ分析]ボタンがない場合は**31**の拡張機能を参照してください。

② [データ分析]ダイアログボックスが表示されるので、[基本統計量]を選択して、[OK]ボタンをクリックします(図 3-49)。

③ [基本統計量]ダイアログボックスが表示されるので、[入力範囲]に「セル B2 からセル B12」を指定、[データ方向]に[列]、[先頭行をラベル

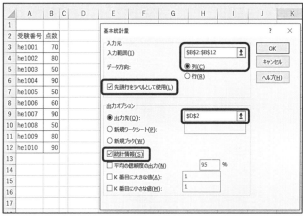

図 3-50

として使用]にチェック、[出力先]に「セル D2」を指定、[統計情報]にチェック、最後に[OK]ボタンをクリックします(図 3-50)。

④ 点数による基本統計量が表示されます(図 3-51)。

点数	
平均	71
標準誤差	5.467073
中央値 (メジアン)	75
最頻値 (モード)	50
標準偏差	17.2884
分散	298.8889
尖度	-1.89088
歪度	-0.1903
範囲	40
最小	50
最大	90
合計	710
データの個数	10

図 3-51

Column 数式を表示するには

数式を表示するには、[数式]タブ−[ワークシート分析]グループ−[数式の表示]ボタンをクリックします(図 3-52)。図 3-53 のように数式が表示されます。

図 3-52

6	日暮里支店	4568000
7	合計	=SUM(B3:B6)
8	平均	=AVERAGE(B3:B6)

図 3-53

33　関数がわからないとき

【数式】▶【関数ライブラリ】▶【関数の挿入】

(1) 関数が全くわからないとき

　セル B7 に合計を求めます。合計を求める関数がわからないとします。

① セル B7 をクリックし、[関数の挿入]fx または[数式]タブ－[関数ライブラリ]－[関数の挿入]をクリックします（図 3-54 ①）。

② [関数の挿入]ダイアログボックスが表示されるので、「何がしたいかを簡単に入力して、[検索開始] をクリックしてください。」と反転している箇所をクリックして、検索したいこと、ここでは「合計」と入力して（図 3-54②-1）、[検索開始]ボタンをクリックします（図 3-54②-2）。

③ [関数名]にその候補となる関数一覧が表示されます。下の説明を参考にして、該当する関数（ここでは SUM 関数）を選択し、[OK]ボタンをクリックします（図 3-55）。

④ [関数の引数]ダイアログボックスが表示されます。該当する引数を設定し（ここでは数値1にセル B3 からセル B6 を設定しています）、[OK]ボタンをクリックします（図 3-56）。

(2) 関数はわかるが使い方がわからない

　図 3-54 の[関数ライブラリ]からカテゴリを選択して、関数を選びます。または、図 3-54 の[関数の挿入]ダイアログボックスの[関数の分類]の▼をクリックしてカテゴリを選択するか、すべて表示を選んでアルファベット順に並ぶ関数から関数を選択します。

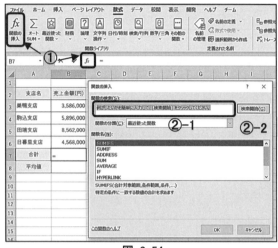

図 3-54

図 3-55

図 3-56

Excel

Chapter 4
シート操作

34 シートの追加・削除、シート名の変更

シート見出しを右クリック、シート見出しをダブルクリック

(1) シートを追加する

[新しいシート]ボタンをクリックします(図 4-1)。

(2) シートを削除する

削除したいシートのシート見出しを右クリックし、表示されるメニューで[削除]を選択します(図 4-2)。ただし、削除したいシートにデータがある場合、図 4-3 のメッセージが出てきます。そのまま[削除]ボタンをクリックすれば削除されます。

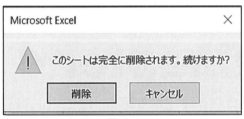

図 4-1

図 4-2

図 4-3

(3) シート名を変更する

シート名を「Sheet4」から「2020 年」に変更します。シート名を変更すると、どんなデータが入力されているかわかりやすくなります。

図 4-4

① 「Sheet4」シートの見出しをダブルクリックします。

② 反転したら(図 4-4)、「2020 年」と入力して、 Enter キーを押します。

Column シート見出しの色を変えると整理しやすい

年度別、費用別データをシートごとに整理している場合、(3)のようにシート名を変えるほかに、シート見出しの色を変えるとわかりやすくなります。

シート見出しの色を変更するには、図 4-2 のメニューから[シート見出しの色]を選択して、任意の色を選択します。他のシート見出しをクリックすると、色を確認できます。

35 シートの移動とコピー

シート見出しをドラッグ

(1) シートを移動するには

「浅草支店」シートを「蔵前支店」シートの右側に移動します。「浅草支店」シートのシート見出しを「蔵前支店」シートの後ろにドラッグします(図 4-5)。ドラッグのコツは、ドラッグしようとすると▼が「浅草支店」シートの見出しの左上に表示されます。これを「蔵前支店」シートの右側に移動するまでドラッグするとうまくできます。

図 4-5

(2) シートをコピーするには

「上野支店」シートを「上野支店」シートの右側にコピーします。

図 4-6

① Ctrl キーを押したまま「上野支店」シートのシート見出しを「上野支店」シートの後ろにドラッグします(図 4-6)。ドラッグのコツは(1)と同じですが、マウスの方の指を先に、 Ctrl キーを後で離すとうまくいきます。

② 「上野支店」シートの右側に「上野支店(2)」シートができます(図 4-7)。

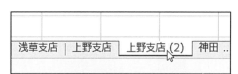

図 4-7

Column 見せたくないシートを非表示にする

見せたくないシートを非表示にするには、非表示にしたいシートのシート見出しを右クリックして、表示されるメニューから[非表示]を選択します(34 図 4-2)。

また、再表示するには、任意のシートのシート見出しを右クリックして、表示されるメニューから[再表示]を選択します。図 4-8 のような[再表示]ダイアログボックスが表示されるので、表示したいシートを選択して、[OK]ボタンをクリックします。

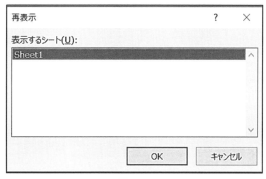

図 4-8

36 複数シートの同じセルに同じ文字を入力

Shift キー または Ctrl キーを使ってシートを選択

(1) 連続したシートの同じセルに同じ文字を入力するには

「A 組」シートから「D 組」シートのすべてのセル
A1 に「成績評価表」と入力します。

図 4-9

① 「A 組」シートを選択して、Shift キーを押
したまま「D 組」シートのシート見出しをクリック
します。4 シートが選択状態になります（図 4-9）。

② 「A 組」シートのセル A1 に「成績評価表」と入力します。

③ すべてのシートを選択している場合は、最初のシート以外、すなわち「B 組」シートから
「D 組」シートのいずれか 1 つを選択すると、選択状態が解除されるので、それぞれのシー
トを確認します。選択されていないシートがある場合は、選択されていないシートを選択す
ると選択状態が解除されます。

(2) 離れたシートの同じセルに同じ文字を入力するには

「A 組」シートと「D 組」シートのセル A1 に「成績評価表」と入力します。

① 「A 組」シートを選択して、Ctrl キーを押し
たまま「D 組」シートのシート見出しをクリックしま
す。2 つのシートが選択状態になります（図 4-10）。

② 「A 組」シートのセル A1 に「成績評価表」と入
力します。

図 4-10

③ 選択状態でないシート、すなわち「B 組」シートか「C 組」シートのうち 1 つを選択すると、
選択状態から抜けられるので、それぞれのシートを確認します。

Column 作業グループについて

複数のシートを選択状態にすることを作業グループといいます。作業グループに設定した
状態で、入力したり、書式を設定したりすると、作業グループすべてのシートに適用されます。

Excel

Chapter 5
視覚的表示

37　グラフの作成

【挿入】タブ ▶ 【グラフ】グループ ▶ グラフの選択

(1) グラフの作成

集合縦棒グラフを作成します。

グラフの範囲(セル A3 からセル F8)を選択して、[挿入]タブ－[グラフ]グループ－[縦棒]ボタン－[集合縦棒グラフ]を選択します(図 5-1)。

図 5-1

(2) タイトルを変更する

グラフの中の[グラフタイトル]を選択してタイトルを「寿ベーカリー売上」と変更します。

(3) 軸ラベルを付ける

図 5-2

縦軸に垂直に軸ラベルを付けます。

① グラフを選択して、右上に表示される ➕ をクリックします。表示されたメニューから[軸ラベル]グループ－[第 1 縦軸]を選択します(図 5-2)。

② 縦軸に「軸ラベル」が表示されるので、軸ラベルを修正します。

図 5-3

図 5-4

③ ②で入力された軸ラベルをダブルクリックして、右に表示される作業領域で、[文字列の方向]の▼をクリックして「縦書き」を選択します(図 5-4)。

出来上がると図 5-5 のようになります。

②、③は、グラフを選択して、[グラフデザイン]タブ/[デザイン]タブ－[グラフのレイアウト]グループ/[レイアウト]グループ－[グラフ要素を追加]ボタンを使っても行えます。この場合、③は[その他の軸ラベルオプション]を用います(図 5-4)。

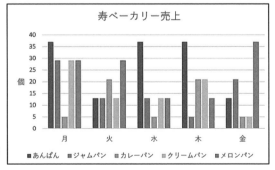

図 5-5

38 グラフのサイズの変更と移動

【グラフエリア】

(1) グラフのサイズの変更

① グラフを選択して、サイズ変更ハンドル（四隅にある白丸）にマウスポインターを合わせます。

② 両向きの矢印の形になったらドラッグします（図 5-6）。グラフの内側にドラッグすると縮小、グラフの外側にドラッグすると拡大になります。

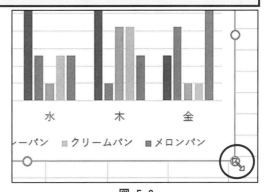

図 5-6

(2) グラフを移動するには

グラフを選択し、グラフエリアでマウスポインターの形式が となったら（図 5-7）、目的の位置までドラッグします。

図 5-7

Column 離れた範囲でグラフを作成、グラフの名称について

■ 離れた範囲でグラフを作成する

Ctrl キーを押したまま範囲を選択します。図 5-8 ではセル A3 からセル A8 まで選択し、Ctrl キーを押したままセル G3 からセル G8 まで選択しています。そのまま[挿入]タブー[グラフ]グループのグラフを選んで作成します。

	A	B	C	D	E	F	G
1	寿ベーカリー売上一覧表						
2							
3		月	火	水	木	金	合計
4	あんぱん	37	13	37	37	13	137
5	ジャムパン	29	13	13	5	21	81
6	カレーパン	5	21	5	21	5	57
7	クリームパン	29	13	13	21	5	81
8	メロンパン	29	29	13	13	37	121

図 5-8

■ グラフの名称について

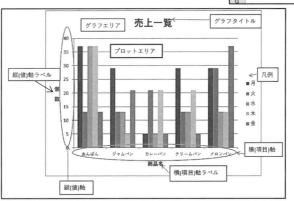

図 5-9

39　グラフのデータの変更

データの範囲の変更、【データ】グループ ▶ 【行／列の切り替え】ボタン

(1) グラフにデータを追加(削除)する

　セル A3 からセル F8 の範囲で作成されているグラフにクロワッサンのデータ(A9 からセル F9)を追加します。

　グラフを選択して、表示される青い太線の右下(セル F8 の右下)にマウスポインターを合わせて、両方向の矢印に変わったらセル F9 までドラッグします(図 5-10)。

	A	B	C	D	E	F	G
1	寿ベーカリー売上一覧表						
2							
3		月	火	水	木	金	合計
4	あんぱん	37	5	13	21	13	89
5	ジャムパン	5	29	29	29	21	113
6	カレーパン	13	13	21	5	37	89
7	クリームパン	29	29	5	29	29	121
8	メロンパン	29	21	5	13	21	89
9	クロワッサン	13	5	13	21	21	73

図 5-10

(2) グラフの行と列データを逆にする

　グラフを選択(37 のグラフ)して、[グラフのデザイン]タブ/[デザイン]タブから[データ]グループの[行／列の切り替え]ボタン(図 5-11)をクリックします。図 5-12 のようになります。

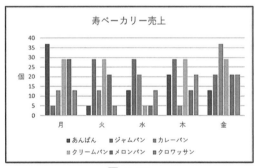

図 5-12

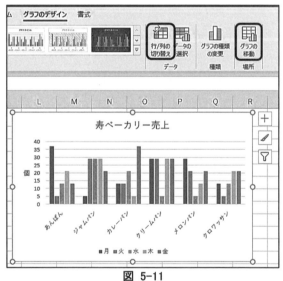

図 5-11

Column　グラフを別のシートに簡単に移動するには

　グラフを別のシートに移動したいという場合、グラフを選択して、[グラフのデザイン]タブ/[デザイン]タブ-[場所]グループ-[グラフの移動]ボタン (図 5-11)をクリックして、移動先を指定し、[OK]ボタンをクリックします。

40　凡例項目や横軸ラベルをグラフ作成後に設定

【データ】グループ ▶ 【データの選択】ボタン

(1) 凡例項目をグラフ作成後に設定する

図 5-13 のように離れたデータ(2 月
2 週目のデータ)でグラフを作成する
場合、凡例項目(月〜金)を後で設定す
ることがあります。

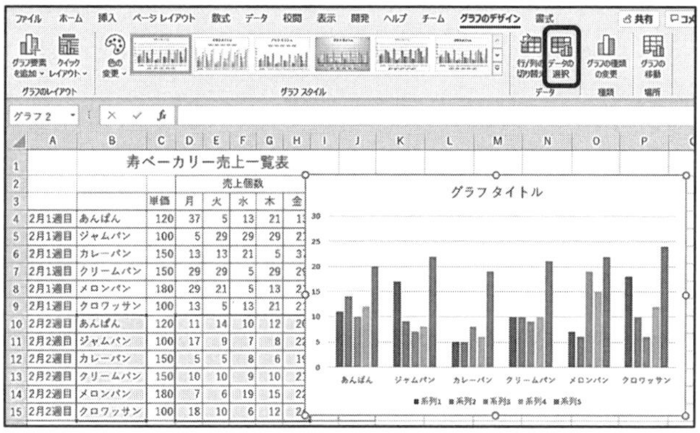

図 5-13

① グラフを選択して、[グラフのデ
ザイン]タブ/[デザイン]タブ−[デー
タ]グループ−[データの選択]ボタ
ンをクリックします(図 5-13)。

② 表示される[データソースの選択]ダイアログボ
ックスの左下の凡例項目の[系列 1]を選択して、
[編集]ボタンをクリックします(図 5-14)。

③ 表示される[系列の編集]ダイアログボックス
の[系列名]の下のテキストボックスにカーソルが
あるのを確認して、系列 1 の系列名があるセル
D3(「月」のところ)をクリックし、[OK]ボタンをクリッ
クします(図 5-15)。系列 2 以降も同様です。

④ 最後に[データソースの選択]ダイアログボック
スの[OK]ボタンをクリックします(図 5-14)。凡例が
表示されます(図 5-17)。

図 5-14

図 5-15

(2) 横軸ラベルを後で設定する

横軸ラベル(あんぱん〜クロワッサン)を後で設定する場合は、(1)と同様に[データソースの
選択]ダイアログボックスを表示したら、図5-14の[横軸ラベル]の[編集]ボタンをクリックして、
横軸ラベルがあるセルを範囲選択して、[OK]ボタンをクリックします(図 5-16)。その後(1)の
④の操作をすると横軸ラベルが表示されます(図 5-17)。

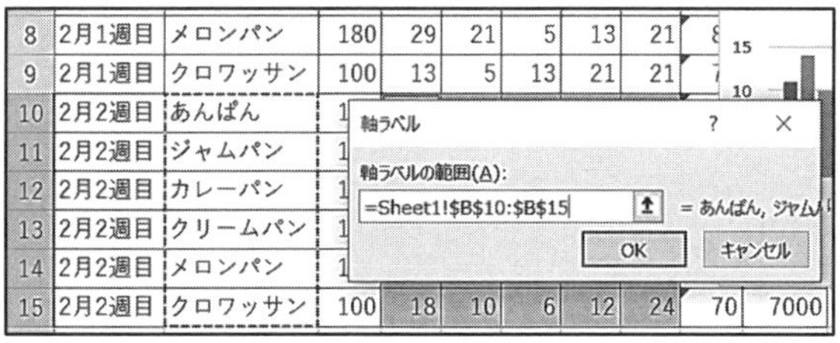

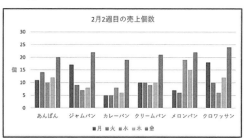

図 5-16

図 5-17

41 グラフの種類の変更

【種類】グループ ▶【グラフの種類の変更】ボタン

(1) グラフ全体の種類を変更する

40 の集合縦棒グラフ(図 5-17)を積み上げ縦棒グラフに変更します。

① グラフを選択して、[グラフのデザイン]タブ/[デザイン]タブ－[種類]グループ－[グラフの種類の変更]ボタンをクリックします(**40**(1)図 5-13)。

② [グラフの種類の変更]ダイアログボックスが表示されるので、[縦棒]で[積み上げ縦棒]を選択して、[OK]ボタンをクリックします(図 5-18)。

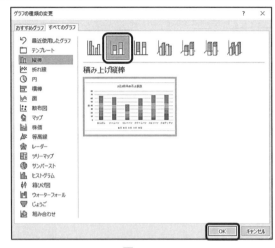

図 5-18

(2) 一部のグラフの種類を変更する

40 の同データで合計データを含んだ棒グラフを作成し、[系列"合計"]のみをマーカー付き折れ線グラフに変更し、第 2 軸を作ります。

① 棒グラフの任意の棒を選択し(図 5-19)、上記(1)①と同じ操作で、[グラフの種類の変更]ダイアログボックスを表示します(図 5-20)。

② 左側[おすすめグラフ]または[すべてのグラフ]で[組み合わせ]が選択されているのを確認して、右下の[データ系列に使用するグラフの種類と軸を選択してください]で「合計」の箇所を[マーカー付き折れ線]、第 2 軸にチェックを入れて [OK]ボタンをクリックします。大きさが異なるデータを表示するときに、右側に第 2 軸をとるとグラフが見やすくなります。

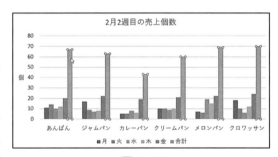

図 5-19

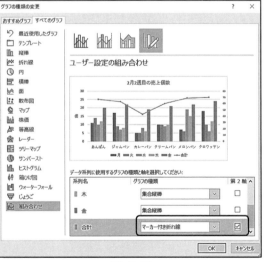

図 5-20

42 数値軸の変更

【軸の書式設定】作業ウィンドウ ▶ 【軸のオプション】

(1) 単位を変更する

縦軸の単位を万単位にします。

グラフを選択して、縦軸のところをダブルクリックします。[軸の書式設定]作業ウィンドウが右側に表示されます。

[軸のオプション]の[表示単位]の▼をクリックして[万]を選択します（図 5-21 (1)）。図 5-22 のようになります。

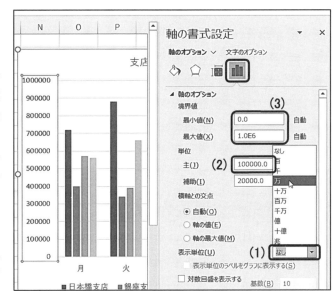

図 5-21

(2) 数値軸の目盛間隔を変更する

目盛間隔を 100000 から 200000 に変更します。

(1)と同様で、縦軸をダブルクリックして、[軸の書式設定]作業ウィンドウを表示し、[軸のオプション]の[単位]の[主]を「200000」に変更します（図 5-21(2)）。図 5-23 のようになります。

(3) 軸の最小値と最大値を変更する

軸の最小値を 200000、最大値を 900000 と設定します。

(1)と同様で、縦軸をダブルクリックして、[軸の書式設定]作業ウィンドウを表示し、[軸のオプション]の[最小値]を「200000」、[最大値]を「900000」に変更します（図 5-21(3)）。図 5-24 のようになります。

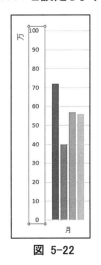
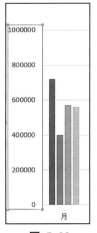
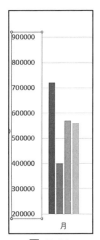

図 5-22　　　　図 5-23　　　　図 5-24

43　データラベルの設定

【グラフ要素】ボタン ▶【データラベル】、【レイアウト】グループ ▶【グラフ要素を追加】

(1) データラベルを設定する

データラベルを設定したいグラフを選択して、グラフ右上の[グラフ要素]ボタンー[データラベル]を選択すると表示されます（図 5-25）。

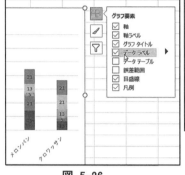

図 5-25

図 5-26

(2) 分類名と%表示のグラフにする

円グラフのデータラベルを分類名と%表示にします。

① グラフを選択して、右上の[グラフ要素]ボタンー[データラベル]ー[その他のオプション]を選択します（図 5-26）。

② [データラベルの書式設定]作業ウィンドウが表示されるので、[ラベルオプション]ー[ラベルの内容]を「分類名」、「パーセンテージ」、「引き出し線を表示する」にチェックを入れます（図 5-27）。

※ 凡例は選択して Delete キーで削除ができます。

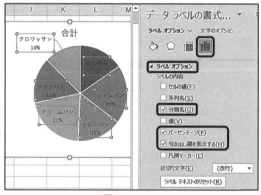

図 5-27

(3) データラベルのパーセンテージを小数点 1 桁で表示するには

(2)のパーセンテージを小数点 1 桁表示に設定します。

(2)の②の作業ウィンドウの下に表示される[表示形式]ー[カテゴリ]を[パーセンテージ]、小数点以下の桁数を「1」に設定します（図 5-28）。

※ 作業ウィンドウが図 5-28a のようにたたまれていることがあります。その場合は ▷ をクリックをすれば開きます。

※ データラベルの設定は、[グラフのデザイン]タブ/ [デザイン]タブー[レイアウト]グループー[グラフ要素を追加]ボタンを使っても行えます。

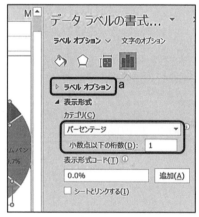

図 5-28

44 ヒストグラムの作成

【挿入】タブ ▶【グラフ】グループ ▶【ヒストグラム】、【データ】タブ ▶【分析】グループ

(1) グラフから作成

図5-29の度数分布表からヒストグラムを作成します。

① セルG4からセルG10とセルI4からセルI10までを選択して、[挿入]タブ－[グラフ]グループ－[ヒストグラム]－[ヒストグラム]を選択します。

② 図5-30のようなグラフが作成されるので、横軸をダブルクリックして、[軸の書式設定]作業ウィンドウを開きます。

③ [軸のオプション]の[分類項目別]を選択します(図5-31)。

度数分布表				
階級（区間）			階級値	度数
下限値	上限値	意味		
1	5	1～5	3	5
6	10	6～10	8	10
11	15	11～15	13	12
16	20	16～20	18	25
21	25	21～25	23	18
26	30	26～30	28	8
31	35	31～35	33	4
			合計	82

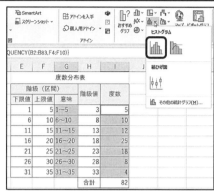

図 5-29

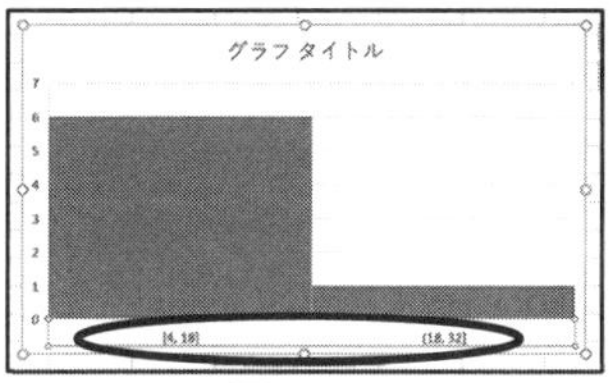

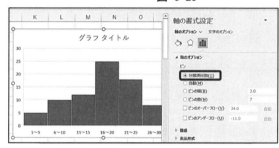

図 5-30

図 5-31

(2) 分析ツールから作成

分類したいデータとそのデータの階級を入力します(図5-32)。

① [データ]タブ－[分析]グループ－[データ分析ツール]ボタン[データ分析]をクリックすると、[データ分析]ダイアログボックスが表示されるので、[ヒストグラム]－[OK]ボタンをクリックします(**32** 図3-49)。分析ツールが表示されない場合は**31**を参照しましょう。

② 表示される[ヒストグラム]ダイアログボックスの[入力範囲]はデータが記述されている範囲(ここでは、セルB1からセルB83)、[データ区間]は階級(ここでは、セルE4からセルE10)を指定し、[ラベル]にチェックし、下方にある[グラフ作成]にチェックを入れて、[OK]ボタンをクリックします(図5-33)。

③ 新規のワークシートに度数分布表とヒストグラムが作成されます(図5-34)。

	A	B	C	D	E
1	学籍番号	図書館利用回数			
2	101	2		階級（区間）	
3	102	3		下限値	上限値
4	103	20		1	5
5	104	19		6	10
6	105	8		11	15
7	106	18		16	20
8	107	16		21	25
9	108	8		26	30
10	109	12		31	35

図 5-32

図 5-33

	A	B
1	データ区間	頻度
2	5	5
3	10	10
4	15	12
5	20	25
6	25	18
7	30	8
8	35	4
9	次の級	0

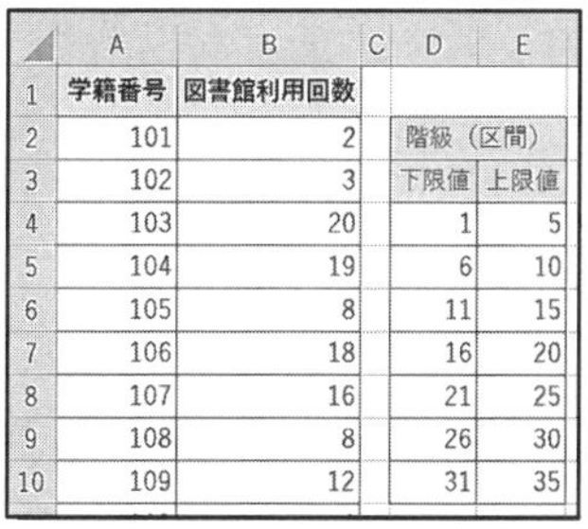

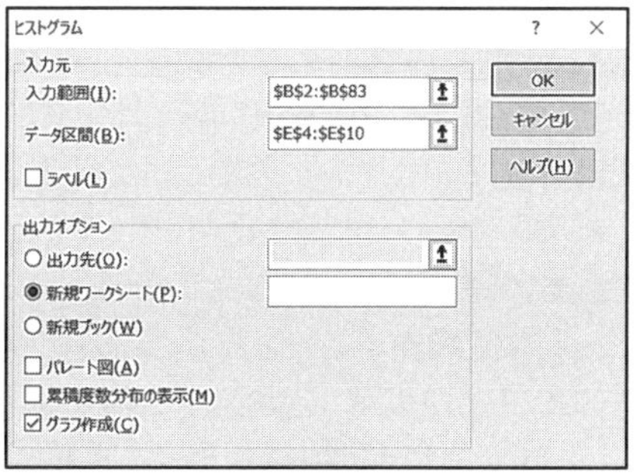

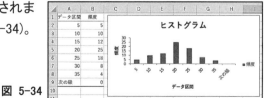

図 5-34

45 箱ひげ図の作成

【挿入】タブ ▸【グラフ】グループ ▸【ヒストグラム】▸【箱ひげ図】

(1) 箱ひげ図の作成

図 5-35 のようなデータ(セル B1 からセル C51)で箱ひげ図で表します。

① データ(セル B1 からセル C51)を選択します。[挿入]タブ－[グラフ]グループの[ヒストグラム]－[箱ひげ図]を選択します。(44 図 5-29)。図 5-36 の箱ひげ図が表示されます。

	A	B	C
1	学籍番号	アルバイトをしていますか?	通学時間
2	2020H001	Yes	50
3	2020H002	No	90
4	2020H003	Yes	70
5	2020H004	Yes	50
6	2020H005	Yes	40
7	2020H006	Yes	60
8	2020H007	No	80
9	2020H008	No	70
10	2020H009	Yes	60
11	2020H010	No	60

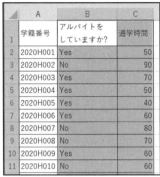

図 5-35

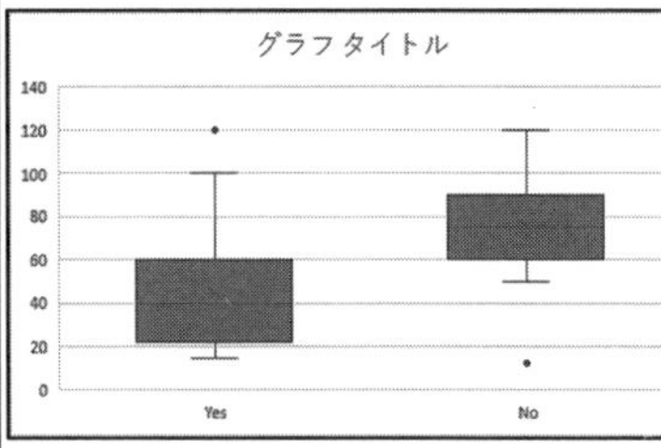

図 5-36

(2) 平均値などの情報を表示する

表示された箱ひげ図の右上の[グラフ要素]ボタン－[データラベル]を選択すると、「平均値」「中央値」「第1四分位点」「第3四分位点」「最小値」「最大値」「外れ値」を数値として表示されます(図 5-37)。

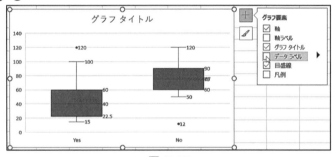

図 5-37

Column 重要な情報の表示

箱の上で右クリックして、表示されるメニューから[データ系列の書式設定]を選択すると、右側に[データ系列の書式設定]作業ウィンドウが表示されます。このうち、[特異ポイントを表示する]にチェックが入っていると外れ値が表示され、[平均マーカーを表示する]にチェックが入っていると平均値に×の印が表示されます(図 5-38)。

[内側のポイントを表示する]にチェックが入っていると、ひげとひげの間の点が表示されます。

[四分位数計算]において[包括的な中央値]は第 1 四分位と第 3 四分位を求める際に中央値を含め、[排他的な中央値]は含めないで計算します。

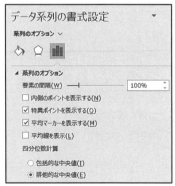

図 5-38

46 近似曲線の表示

【グラフ要素】ボタン ▶ 【近似曲線】 ▶ 【線形】

（1）近似曲線の表示

散布図に近似曲線を表示します。

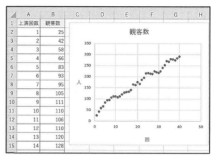

① 範囲（セル A1 からセル B41）を選択して、[挿入]タブー[グラフ]グループー[散布図]－[散布図]を選択し、散布図を作成します（図 5-39）。

② 散布図を選択して、[グラフ要素]ボタンー[近似曲線]－[線形]を選択します（図 5-40（1））。

図 5-39

（2）近似曲線の式と R-2 乗値の表示

① 散布図を選択して、[グラフ要素]ボタンー[近似曲線]－[その他のオプション]を選択します（図 5-40(2)）。

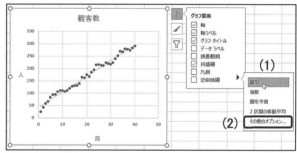

図 5-40

② 右に表示される[近似曲線の書式設定]作業ウィンドウの下方にある[グラフに数式を表示する]と[グラフに R-2 乗値を表示する]にチェックを入れます（図 5-41）。

（3）予測の表示

近似曲線から前方 5 回までの予測を表示します。

図 5-41

① 散布図を選択して、（1）の①と②の[近似曲線の書式設定]作業ウィンドウの[近似曲線のオプション]を表示します。

② 作業ウィンドウ下方の[予測]の[前方補外]に「5」と入力します（図 5-42②）。

③ 前方 5 回までの予測が表示されます（図 5-42③）。

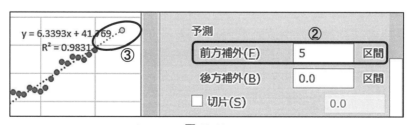

図 5-42

47　グラフを作成しなくてもビジュアル的にデータを表示

【ホーム】タブ ▶ 【スタイル】グループ ▶ 【条件付き書式】ボタン、【挿入】タブ ▶ 【スパークライン】グループ

(1) データの大きさをバーで表示

　合計(セル G4 からセル G9)のデータをオレンジ色のデータバーで表示します。

①　表示したい範囲セル(G4 から G9)を選択します。

②　[ホーム]タブ－[スタイル]グループ－[条件付き書式]ボタン－[データバー]－[塗りつぶし]－[オレンジのデータバー]を選択します(図 5-43)。

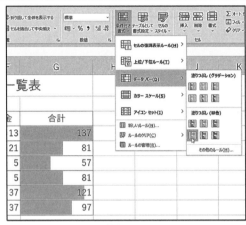

図 5-43

(2) 複数のデータの状態を折れ線で表示

　各商品の曜日ごとの折れ線のスパークラインを作成します。ここでは最小値と最大値で全てのスパークラインで同じ値を使うようにします。

図 5-44

図 5-45

①　[挿入]タブ－[スパークライン]グループ－[折れ線]ボタンをクリックします(図 5-44)。

②　[スパークラインの作成]ダイアログボックスが表示されるので、[データ範囲](ここではセル B4 からセル F9)、[場所の範囲](ここではセル G4 からセル G9)を選択して、[OK]ボタンをクリックします(図 5-45)。

③　行間の値が比較できていないため、スパークラインが表示されているセルを選択して、[デザイン]タブ－[グループ]グループ－[軸]ボタンをクリックして、[縦軸の最小値のオプション]と[縦軸の最大値のオプション]を[すべてのスパークラインで同じ値]に設定します(図 5-46)。

④　図 5-47 のように折れ線が表示されます。

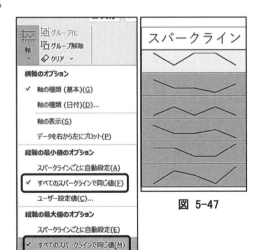

図 5-46

図 5-47

Excel

Chapter 6
データベース

48 データの並べ替え

【データ】▶【並べ替えとフィルター】

図 6-1

(1) 1 つの条件で並べ替える

英語の成績の高い順に並べ替えます。「英語」の列内の任意のセルをクリックして(図 6-1 ではセル G7 をクリックしています)、[データ]タブー[並べ替えとフィルター]グループー[降順]ボタン $\frac{Z}{A}\downarrow$ をクリックします(図 6-1(1))。

(2) 複数のキーで並べ替える

「英語」を降順、英語の点数が同じ場合は「国語」を降順に並べ替えます。

① 表全体を選択して(項目も含めて選択)、[並べ替えとフィルター]グループー[並べ替え]ボタンをクリックします(図 6-1(2))。

② [並べ替え]ダイアログボックスが表示されるので、右上にある[先頭行をデータの見出しとして使用する]にチェックが付いていることを確認します(図 6-2②)。

③ [最優先されるキー]で「英語」、[並べ替えのキー]を「セルの値」、[順序]を「大きい順」と選択します(図 6-2③)。

図 6-2

図 6-3

④ 左上の [レベルの追加]ボタンをクリックして(図 6-2 ④-1)、表示された[次に優先されるキー]に「国語」、「セルの値」、「大きい順」に設定して(図 6-3)、[OK]ボタンをクリックします(図 6-2④-2)。

⑤ 図 6-4 のように並べ替えられます。

学籍番号	氏名	英語	国語
1009	木村	100	83
1001	相原	94	96
1023	寺岡	91	96
1019	瀬戸	91	86
1011	小池	91	84
1027	根本	90	99
1013	斉藤	90	95
1004	宇野	90	61

図 6-4

49　特定のデータの抽出

【データ】▸【並べ替えとフィルター】▸【フィルター】

（1）フィルターを付ける

　項目を選択して（図 6-5 ではセル F3 からセルI3 まで）、[データ]タブー [並べ替えとフィルター]グループー [フィルター]ボタンをクリックします。 項目のところに▼が付きます。

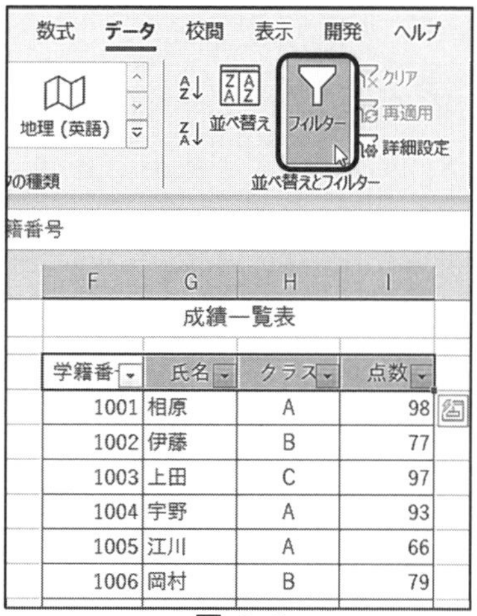

（2）フィルターを外す

　[フィルター]ボタンをもう一度クリックします（図 6-5）。

図 6-5

図 6-6

（3）特定のデータを抽出する

　「A」クラスのデータを抽出します。「クラス」の右側の▼をクリックして「すべて選択」のチェックを外し、「A」を選択して、 [OK]ボタンをクリックします（図 6-6）。図 6-7 のように A クラスだけが表示されます。

（4）抽出条件を解除する

　「クラス」の抽出条件を解除します。[データ]タブー[並べ替えとフィルター]グループー[クリア]ボタン ![クリア] をクリックします（図 6-7）。

図 6-7

Column　平均より上の人の抽出、上位 5 人の抽出

　数値データの場合、▼をクリックすると、[数値フィルター]が表示され、その中に[トップテン]、[平均より上]のメニューがあります。[平均より上]は選択すると、平均より上の人を抽出できます。[トップテン]の場合、上位または下位、項目または%が設定でき、「上位」「5」「項目」として、[OK]ボタンをクリックすると（図 6-8）、上位 5 人の抽出ができます。

図 6-8

50 指定した条件のデータの抽出

【数値フィルター】と【テキストフィルター】

(1) ○以上△以下のデータを抽出する

「点数」が 80 点以上 90 点以下のデータを抽出します。

① ［フィルター］を設定して（49（1））、「点数」の右側の▼をクリック→「数値フィルター」－［指定の値以上］を選択します（図 6-9）。

② ［オートフィルターオプション］ダイアログボックスが表示されるので、［抽出条件の指定］で「80」を入力し「以上」を選択して、「AND」をクリックして、下の段に「90」を入力し、「以下」を選択して、［OK］ボタンをクリックします（図 6-10）。図 6-11 のような結果になります。

図 6-9

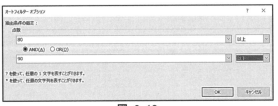

図 6-10

学籍番	氏名	クラス	点数
1007	河合	B	82
1009	木村	C	80
1013	斉藤	A	82
1019	瀬戸	A	89
1022	角田	A	86
1027	根本	A	80

図 6-11

※「80 点以上」というような条件が 1 つの場合は、図 6-10 の下の条件を空白にして［OK］ボタンをクリックします。

(2) 特定の文字を含むデータを抽出する

「氏名」に「田」が付くデータを抽出します。

① 「氏名」の右側の▼をクリックして「テキストフィルター」－［指定の値を含む］を選択します（図 6-13）。

② ［オートフィルターオプション］ダイアログボックスが表示されるので、［抽出条件の指定］で「田」を入力し「を含む」になっていることを確認して、［OK］ボタンをクリックします（図6-13）。図 6-14 のような結果になります。

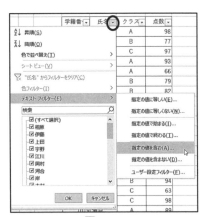

図 6-12

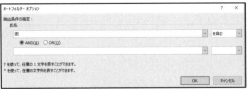

図 6-13

学籍番	氏名	クラス	点数
1003	上田	C	97
1016	柴田	B	94
1020	田中	B	96
1022	角田	A	86
1026	西田	A	72
1030	原田	C	62

図 6-14

51 特定項目の小計と総計

【データ】▶【アウトライン】▶【小計】

(1) 特定の項目の小計と総計を求める

クラスごとに「点数」の平均と総平均を求めます。

① クラスの列の任意のデータを選択して(図 6-15 ではセル C4 を選択しています)昇順(または降順)に並べ替えます。

② 表全体を選択して(項目も含めて)、[データ]タブ－[アウトライン]グループ－[小計]ボタンをクリックします(図 6-16)。

③ [集計の設定]ダイアログボックスが表示されるので、[グループの基準]を「クラス」、[集計の方法]を「平均」、[集計するフィールド]を「点数」に設定して、[OK]ボタンをクリックします(図 6-16)。

④ 各クラスの平均と総平均が求められます(図 6-17)。

図 6-15

(2) 小計行と総計行だけを表示する

図 6-17(2)の左上の[レベル 2]ボタンをクリックします。結果は図 6-18 のようになります。

図 6-18 の左上にある[レベル 3]ボタンをクリックすると元に戻ります。

(3) 小計と総計を削除する

[アウトライン]グループ－[小計]ボタンをクリックすると、[集計の設定]ダイアログボックスが表示されます(図 6-17)。この左下にある[すべて削除]ボタンをクリックすると削除できます。

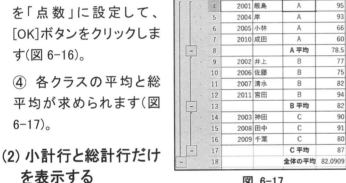

図 6-17

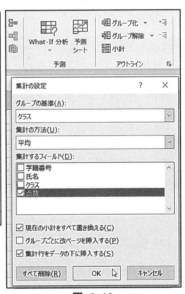

図 6-16

図 6-18

52　複雑な条件を設定して抽出

【データ】▶【並べ替えとフィルター】▶【詳細設定】

(1) 複雑な条件を設定して抽出する

「A」クラスと「B」クラスで「点数」が90点以上の
データを抽出します。

① 対象リスト(図6-19では、セルA3からセル
D14)から1列または1行以上離れた場所に条
件を入力します。図6-19の場合はセルF3か
らセルI5に条件を入力しています。

② 対象リストの任意のセルを選択し、[デー
タ]タブ－[並べ替えとフィルター]グループ－[詳
細設定]ボタンをクリックします(図6-19②)。

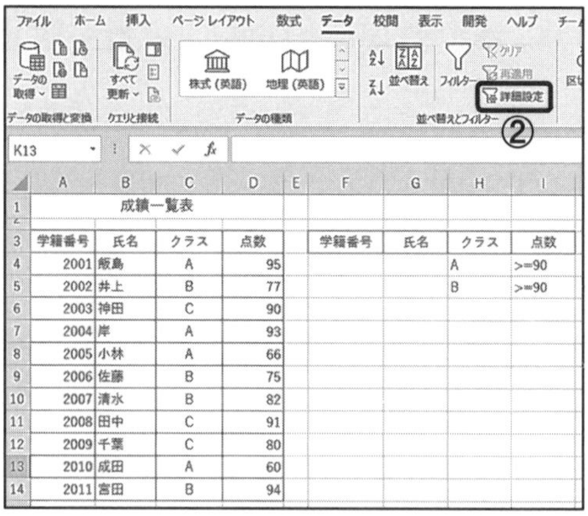

③ 図6-20のような[フィルターオプションの設定]ダイアログ
ボックスが表示されるので、[抽出先]を「選択範囲内」、[リ
スト範囲]は①で選択した対象リストであることを確認し、[検
索条件範囲]はセルF3からセルI5を選択して、[OK]ボタン
をクリックすると、図6-21のように抽出されます。

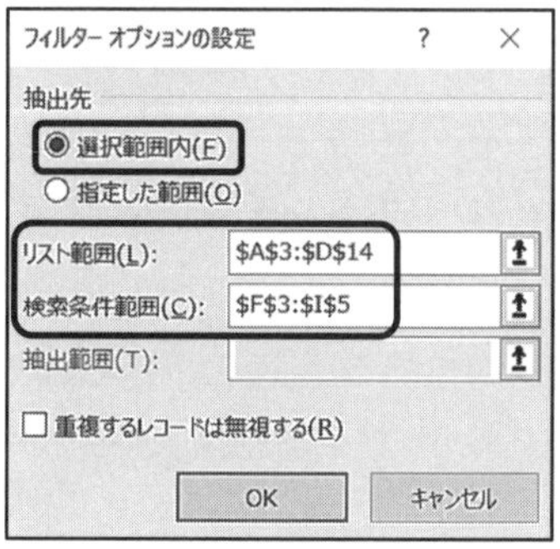

図 6-19

図 6-20

(2) 解除する

[並べ替えとフィルター]グループ－[クリア]ボタン ▼クリア をク
リックします(図6-19)。

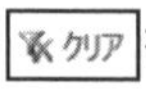

(3) 抽出結果を別の表に表示する

上記(1)の結果をセルF16に表示します。(1)の③で[抽出
先]を「指定した範囲」、[抽出範囲]を「セルF16」として、[OK]
ボタンをクリックします(図6-22)。セルF16に表示されます。

図 6-21

図 6-22

53　テーブルを使った並べ替えや抽出

【ホーム】▸【スタイル】▸【テーブルとして書式設定】

(1) テーブルの設定

① 表の中を選択して、[ホーム]タブ－[スタイル]グループ－[テーブルとして書式設定]ボタン－好みのデザインを選択します(図 6-23)。

図 6-23

② [テーブルとして書式設定]ダイアログボックスが表示されるので、表の範囲が網羅されていることを確認したら[OK]ボタンをクリックします(図 6-24)。

③ フィルターが設定されます。

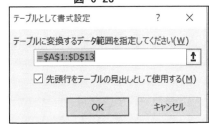

(2) 並べ替えや抽出

① フィルターが設定されるため、▼をクリックすると表示されるメニューから並べ替えや抽出をすることができます(参考 48、49、50)。

図 6-24

(3) 表の形式の変更

① 表の形式は、[テーブルデザイン]タブ/[デザイン]タブ－[テーブルスタイル]で変更ができます。このテーブルスタイルは左

	A	B	C	D
1	月	支店1	支店2	支店3
2	1月	900	1500	3300
3	2月	1400	2600	1500
4	3月	700	3900	4800

図 6-25

側の[テーブルスタイルのオプション]で設定を変更する事ができます(図 6-26)。

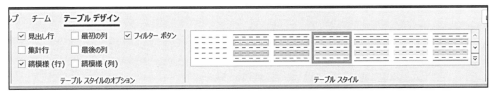

図 6-26

(4) ピボットテーブルで集計とスライサーの挿入

[テーブルデザイン]タブ/[デザイン]タブ－[ツール]グループ－[ピボットテーブルで集計]でピボットテーブル、[スライサーの挿入]でスライサーを設定することができます(図 6-27)。ピボットテーブルとスライサーの使い方は Chapter7 を参照してください。

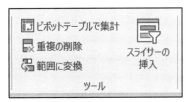

図 6-27

54　テーブルを使った分析

【クイック分析】

(1) クイック分析

テーブルの右下に表示されるクイック分析を使用すると、[書式設定]の中に「指定の値」や「上位」などの項目を使い、色分けをすることができます（図 6-28）。

[上位]を使ってみます。

① 範囲を選択して[クイック分析]－[上位]を選択すると、図 6-29 のように上位のデータが色分けされて表示されます。

② 選択を解除する場合は[クリア]を選びます。

図 6-28

図 6-29

Column 集計行の使い方

テーブルを選択して、[テーブルデザイン]タブ/[デザイン]タブ－[テーブルスタイルのオプション]グループ－[集計行]にチェックを入れると、最終行に「集計」が入ります（図 6-30）。

集計の行のセルをクリックすると、▼が表示され集計方法を選択できます。

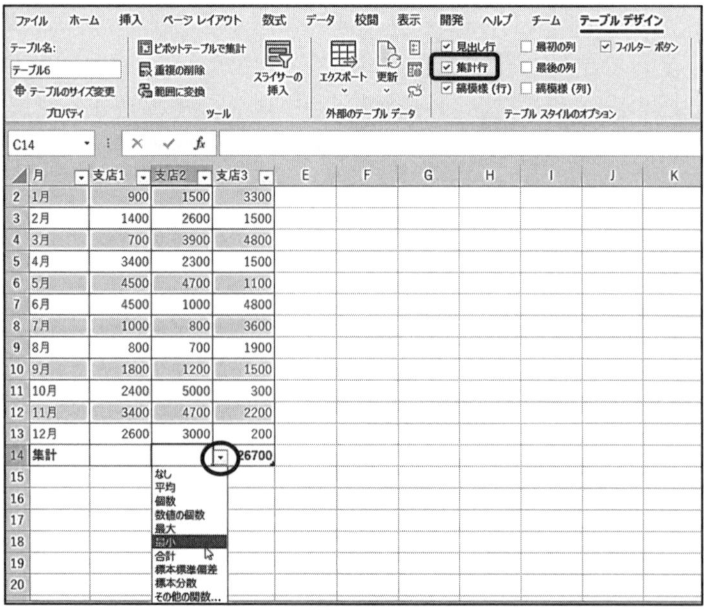

図 6-30

Excel

Chapter 7
ピボットテーブル

55 クロス集計

【挿入】 ▶ 【テーブル】 ▶ 【ピボットテーブル】

(1) ピボットテーブルを作成するには

ピボットテーブルは、クロス集計によく使われます。アンケートの集計などにも便利です。ここでは、担当別の商品の売り上げについてクロス集計を行います。

① 表中の任意のセルをクリックして、[挿入]タブから[テーブル]グループの[ピボットテーブル]ボタンをクリックします（図 7-1）。

② 表示される[ピボットテーブルの作成]ダイアログボックスで、[テーブル/範囲]を確認（表がすべて選択されていること）して、[OK]ボタンをクリックします（図 7-2）。ここで、[既存のワークシート]を選択し、表示したいセルを指定すれば、表と同じシートにピボットテーブルを表示することもできます。

図 7-1

図 7-2

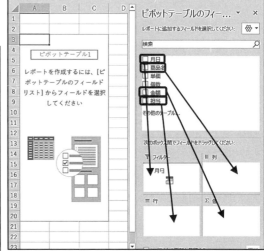

図 7-3

新しいシートが追加されます。右側の[ピボットテーブルのフィールド]から、[月日]を[フィルター]に、[担当]を[行]に、[商品名]を[列]に、[金額]を[Σ値]にドラッグします（図 7-3）。図 7-4 のようになります。

合計 / 金額	列ラベル						
行ラベル	カレーライス	スタミナ弁当	ハンバーグ弁当	ミックスフライ弁当	鮭弁当	唐揚げ弁当	総計
菊池	2660	1000			1140	400	5200
斉藤	1520	500	1350	2800	380	1600	8150
田中		2500	3150	2000	5320	2000	14970
鈴木	1520	2500	1350	3200			8570
総計	5700	6500	5850	8000	6840	4000	36890

図 7-4

56 表示の変更

【ピボットテーブルのフィールド】作業ウィンドウ

(1) レイアウトのフィールドを削除する

[値]を「金額」から「個数」に変更します。

① [ピボットテーブルのフィールド]の下にある[値]の「金額/合計」の▼をクリックして[フィールドの削除]をクリックします(図 7-5)。または[ピボットテーブルのフィールド]の[金額]のチェックをはずします(**55** 図 7-3)。

② [ピボットテーブルのフィールド]の「個数」を[値]にドラッグします。

③ 図7-6 のように個数の集計に変更されます。

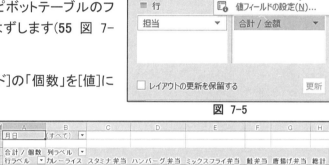

図 7-5

(2) 行と列ラベルを入れ替える

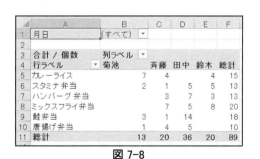

図 7-6

[ピボットテーブルのフィールド]の下にある[行ラベル]にあるフィールド名の▼をクリックして[列ラベルに移動]を選択します(図 7-7)。同様に[列ラベル]にある入れ替え対象のフィールド名の▼をクリックして[行ラベルに移動]を選択します。図7-8 のように入れ替わります。

(3) 月日を 2/2 のみにする

月日(すべて)の隣の▼をクリックして、表示されるメニューから「2/2」をクリックして[OK]ボタンをクリックします(図 7-9)。

図 7-7

図 7-8

図 7-9

57　集計方法と表示形式の変更

【ピボットテーブルのフィールド】▶【Σ値】

(1) 集計方法を変える

集計方法を[平均]に変更します。

① [ピボットテーブルのフィールド]の[Σ値]に設定されている「合計/金額」の▼をクリックして、[値フィールドの設定]を選択します(56 図7-5)。

② [値フィールドの設定]ダイアログボックスが表示されるので、[集計方法]で[平均]を選択して、[OK]ボタンをクリックします(図7-10)。

図 7-10

(2) 表示形式を変えるには

「¥」を付け、小数点1桁表示にします。

① 上記(1)の②で表示される[値フィールドの設定]のダイアログボックスの左下にある[表示形式]ボタン(図7-10)をクリックします。

② 図7-11のように表示される[セルの書式設定]ダイアログボックスから[表示形式]タブで[分類]を「通貨」、[記号]を「¥」、小数点を「1」に設定して、[OK]ボタンをクリックします。図7-12のように表示されます。

図 7-11

	A	B	C	D	E	F	G	H
1	月日	(すべて)						
2								
3	平均 / 金額	列ラベル						
4	行ラベル	カレーライス	スタミナ弁当	ハンバーグ弁当	ミックスフライ弁当	鮭弁当	唐揚げ弁当	総計
5	菊池	¥1,330.0	¥1,000.0			¥1,140.0	¥400.0	¥1,040.0
6	斉藤	¥1,520.0	¥500.0	¥1,350.0	¥1,400.0	¥380.0	¥800.0	¥1,018.8
7	田中		¥2,500.0	¥1,575.0	¥2,000.0	¥1,773.3	¥1,000.0	¥1,663.3
8	鈴木	¥760.0	¥1,250.0	¥675.0	¥1,600.0			¥1,071.3
9	総計	¥1,140.0	¥1,300.0	¥1,170.0	¥1,600.0	¥1,368.0	¥800.0	¥1,229.7

図 7-12

※該当する弁当のみを集計するには、セルB3の▼をクリックして表示されるメニューから、該当する弁当を選択すればその弁当のみの集計になります。

58　データの並べ替え

フィルターの昇順・降順を使う

(1) [行ラベル]または[列ラベル]の順序を変える

[行ラベル]を降順に並べ替えます。

① [行ラベル]の右隣りにある▼をクリックして[降順]を選択します(図 7-13)。 図 7-14 のように順序が変わります。

※ Excel 上で入力したデータの並び替えは五十音順になりますが、他から取り込んだデータでは、JIS 漢字コード順になります。

(2) 特定の項目の順序を変えるには

スタミナ弁当のデータを降順にします。

スタミナ弁当のデータを 1 つ選択して、[データ]タブから[並べ替え]グループの[降順]ボタン  をクリックします(図 7-15)。

図 7-13

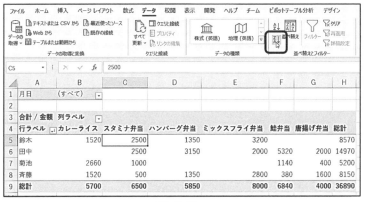

図 7-15

図 7-14

Column 詳細なデータを見る

鈴木さんのスタミナ弁当の詳細を表示します。
ピボットテーブルの鈴木さんのスタミナ弁当のデータがあるセル C5 をダブルクリックします

(図 7-15)。別のシートができ、詳細が表示されます(図 7-16)。

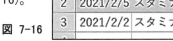

図 7-16

59　ピボットテーブルからグラフの作成

【ピボットテーブル分析】/【分析】▶【ツール】▶【ピボットグラフ】

(1) ピボットテーブルからグラフの作成

　3D 積み上げ縦棒グラフを作成します。

　① ピボットテーブル内の任意のセルを選択して、[ピボットテーブル分析]タブ/[分析]タブ－[ツール]グループ－[ピボットグラフ]ボタンをクリックします(図 7-17)。
　② [グラフの挿入]ダイアログボックスが表示されるので、[縦棒]を選択して、[3D 積み上げ縦棒]を選び、[OK]ボタンをクリックします(図 7-17)。

図 7-17

(2) 指定したデータのみをグラフにする

　商品名が鮭弁当のデータのみのグラフにします。グラフ内の[商品名]の▼をクリックして、表示されるメニューから「(すべて選択)」のチェックを外し「鮭弁当」をチェックして、[OK]ボタンをクリックします(図 7-18)。図 7-19 のように鮭弁当のみのグラフができます。
※ ピボットグラフを(2)のように変更すると、この元になっているピボットテーブルも連動して変更されます。

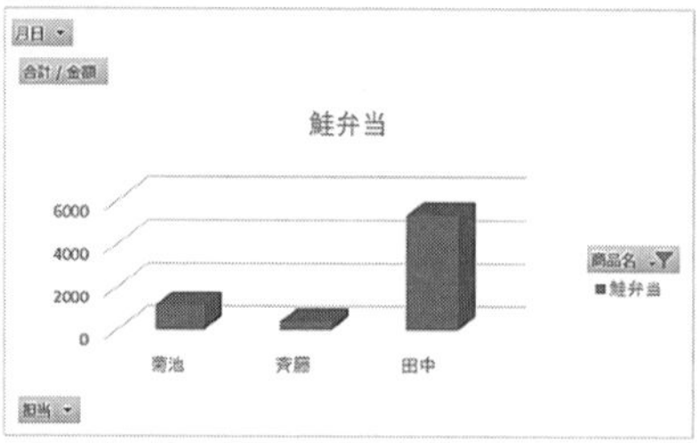

図 7-18

図 7-19

Column　元のデータが変更された場合

　元のデータが変更された場合、このままではピボットテーブルに反映されません。反映するには、ピボットテーブルを選択して[ピボットテーブル分析]タブ／[分析]タブ－[データ]グループ－[更新]ボタンをクリックして、[更新]または[すべて更新]を選択します(図 7-20)。

図 7-20

60　フィルタリング機能の追加

【ピボットテーブル分析】/【分析】▶【フィルター】▶【スライサー】

（1）スライサーを利用する

図 7-21 の表から作成されたピボットテーブル（図 7-22）を「担当」で切り替える設定をします。

① 該当するピボットテーブルを選択して、[ピボットテーブル分析]タブ/[分析]タブ－[フィルター]グループ－[スライサー]ボタンをクリックします（図 7-23①）。

※ [挿入]タブ－[フィルター]グループ－[スライサー]ボタンでも同様です。

② 表示される[スライサーの挿入]画面から[担当]を選択して、[OK]ボタンをクリックします（図 7-23②）。

※ [スライサーの挿入]で複数の項目をチェックすると複数のスライサーが開きます。

③ 図 7-24 の[担当]の中から「清水」を選択すると、ピボットの集計が清水さんの合計に変わります。

また、 Ctrl キーを押したまま、担当を選択すると、複数の人のデータに変わります。

図 7-21

図 7-22

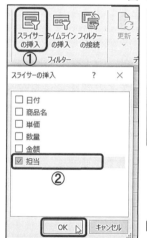

図 7-23

（2）スライサーの選択をクリアする

① 表示されているスライサーの[フィルターのクリア] ⊠ を選択します。

（3）スライサーを消去するには

① スライサーの画面で右クリックして表示される画面で["担当"の削除]を選択します（図 7-25）。

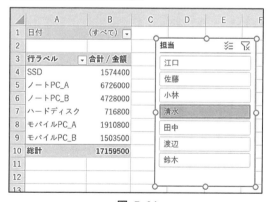

図 7-24

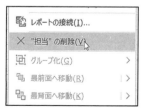

図 7-25

61　集計期間の指定

(1) タイムラインを設定する

　60 の図 7-21 の表から作成されたピボットテーブル(図 7-22)を 2019 年 7 月から 8 月の集計期間に設定します。

　① 該当するピボットテーブルを選択して、[ピボットテーブル分析] タブ/[分析]タブ-[フィルター]グループ-[タイムラインの挿入]ボタンをクリックします(図 7-26①)。

　※ [挿入]タブ-[フィルター]グループ-[タイムライン]ボタンをクリックでも同様です。

　② 表示される[タイムラインの挿入]画面から[日付]を選択して、[OK]ボタンをクリックします(図 7-26②)。

　③ 日付のタイムラインが表示されるので、2019 年の 7 月から 8 月を選択します(図 7-27)。

図 7-26

(2) 選択の種類を変更

　[タイムライン] の「月」の▼をクリックして、表示されるメニューから表示を変更できます(図 7-28)。

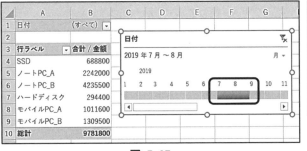

図 7-27

図 7-28

Column　複数のピボットテーブルに設定する

　スライサーやタイムラインを複数のピボットテーブルに設定したり、ピボットテーブルを変更するためには、[タイムライン]タブ([スライサー]タブ)-[レポートの接続]をクリックして、表示される[レポート接続]ダイアログボックスから該当するピボットテーブルを選択します(図 7-29)。

図 7-29

Excel

Chapter 8
印刷

62　指定した範囲の印刷

【ページレイアウト】タブ ▶ 【ページ設定】グループ

(1) 印刷範囲を指定するには

　印刷をしたい範囲をドラッグして、[ページ
レイアウト]タブ－[ページ設定]グループ－
[印刷範囲]ボタンをクリックします(図 8-1)。

(2) 印刷を確認するには

　[ファイル]タブ－[印刷]を選択して右側の
プレビューで確認します(図 8-2(2))。

(3) 2 ページに収めるには

　① 図 8-2(3)の[ページ設定]を選択して、
表示される[ページ設定]ダイアログボック
スから[ページ]タブで[次のページ数に合

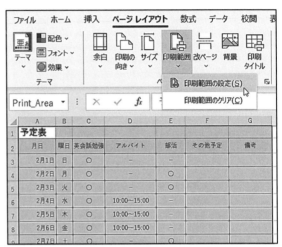

図 8-1

わせて印刷]の[横]「1」、[縦]「2」に設定して[OK]ボタンをクリックします(図 8-3)。

　※ [挿入]タブ－[ページ設定]グループのダイアログボックス起動ツールをクリックしても
　　同様です。

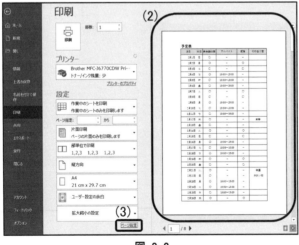

図 8-2

図 8-3

　② 2 ページに収まります(図 8-4)。

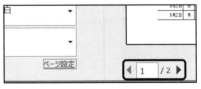

図 8-4

63 印刷設定の変更

【ページレイアウト】タブ ▶ 【ページ設定】グループ

(1) 横方向に印刷

[ページレイアウト]タブ
－[ページ設定]グループ－
[印刷の向き]ボタン－[横]
を選択します(図 8-5)。

図 8-5

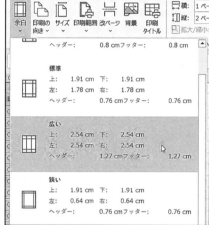

(2) 余白の変更

余白を広くします。
[ページ設定]グループ－[余白]ボタン－[広い]を選
択します(図 8-6)。

図 8-6

(3) 改ページを設定

3 月 1 日(30 行目の下)で改ページを
するように設定します。
印刷の改ページを設定するには改
ページプレビューを使うと便利です。

① [表示]タブ－[ブックの表示]グル
ープ－[改ページプレビュー]ボタンを
クリックします(図 8-7)。

② 32 行目と 33 行目の間にある青
い破線を 30 行目の下に移動します
(図 8-7)。この結果、30 行目の下で
改ページが行われます。

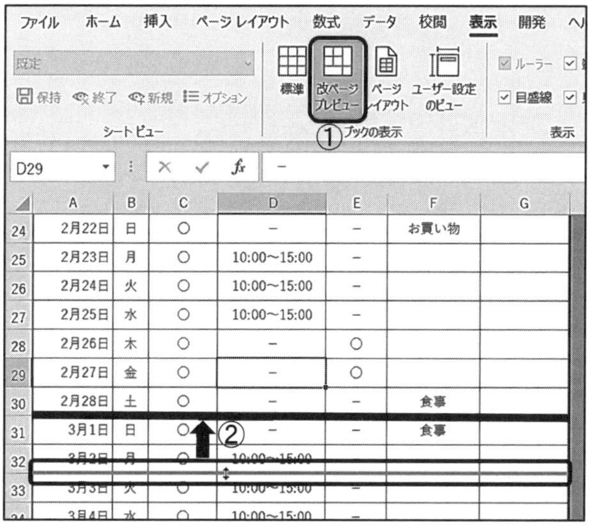

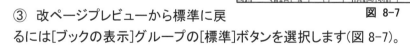

図 8-7

③ 改ページプレビューから標準に戻
るには[ブックの表示]グループの[標準]ボタンを選択します(図 8-7)。

※ 改ページプレビューでは、青い太外枠で囲まれたところが印刷される範囲となり、ペー
ジ番号が表示されます。青い太線または破線をドラッグすることで印刷範囲、改ペー
ジの位置を変更できます。

64　見出しを付けて印刷

【ページレイアウト】タブ ▶ 【ページ設定】グループ ▶ 【印刷タイトル】ボタン

(1) すべてのページに見出しを設定

すべてのページに 2 行目の項目を見出しとして設定します。

図 8-8

① ［ページレイアウト］タブ－［ページ設定］グループ－［印刷タイトル］ボタンをクリックします（図 8-8）。

② ［ページ設定］ダイアログボックスが表示されるので、［シート］タブで、［タイトル行］の右隣のテキストボックスをクリックして、表示したいタイトル行である行番号 2（図 8-9②-1）をクリックすると、「$2:$2」と表示されます（図 8-9②-2）。

③ ［OK］ボタンをクリックします。

④ 2 ページ目にタイトル行が表示されます（図 8-10）。

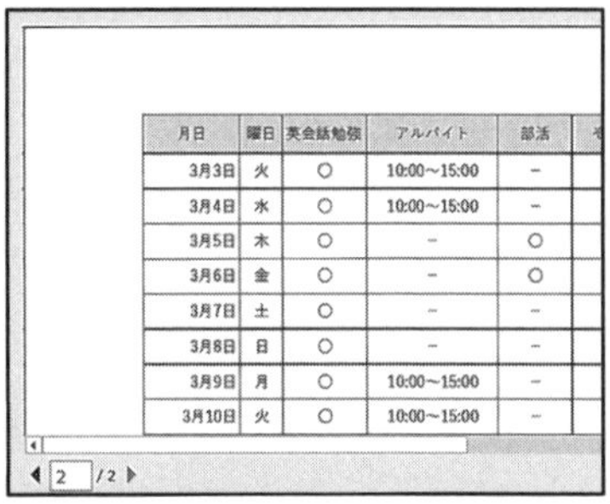

図 8-9

図 8-10

Column　行番号と列名を印刷

上記②で表示される［ページ設定］ダイアログボックスの［シート］タブで、［印刷］の［行列番号］（図 8-9）をチェックし、［OK］ボタンをクリックします（［OK］ボタンをクリックする前に［印刷プレビュー］ボタンをクリックするか、［ファイル］－［印刷］でプレビューを確認すると、図 8-11 のようになります）。

図 8-11

65 データのみ印刷

【ページレイアウト】タブ ▶ 【ページ設定】グループ

(1) データのみ印刷する

① [ページレイアウト]タブ−[ページ設定]グループ−[印刷タイトル]ボタンをクリックします。

② [ページ設定]ダイアログボックスが表示されるので、[シート]タブの[印刷]で[簡易印刷]にチェックを入れて[OK]ボタンをクリックします(図 8-12)。図 8-13 のようにデータのみ印刷されます。

図 8-12

(2) エラー値を印刷しないようにする

① 上記(1)①の操作で表示される[ページ設定]ダイアログボックスの[シート]タブで、[セルのエラー]の ∨ をクリックします。

② 表示されるメニューで「<空白>」を選択して(図 8-14)、[OK]ボタンをクリックします。

③ 図 8-15 のようにエラーは空白になります。

図 8-13

図 8-14

	コード	商品名	単価	数量	金額
2月1日	101	あんぱん	180	1	180
2月2日	106			2	
2月3日	103	カレーパン	200	3	600
2月4日	107			4	
2月5日	102	ジャムパン	150	5	750

図 8-15

Column 印刷で 2 枚目から 4 枚目を印刷したい場合

[ファイル]タブ−[印刷]を選択して(62 図 8-2)、中央の[設定]の[ページ指定]で図 8-16 のように印刷したいページを指定します。

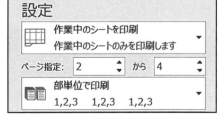

図 8-16

66 ヘッダーに日付、フッターにページ番号を入れて印刷

【ページレイアウト】タブ ▶【ページ設定】グループ ▶ ▣

(1) 日付とページ番号を入れて印刷する

　ヘッダーの右に日付、フッターの中央にページ番号を設定します。

　① ［ページレイアウト］タブから［ページ設定］グループの右下にあるダイアログボックス起動ツールをクリックします（図 8-17①）。

　② ［ページ設定］ダイアログボックスー［ヘッダー/フッター］タブを選択します（図 8-17②）。

　③ ［ヘッダーの編集］ボタンをクリックし（図 8-17③）、［ヘッダー］ダイアログボックスを表示します（図 8-18）。

　④ ［右側］を選択して［日付の挿入］ボタン ▣ をクリック（図 8-18）、［OK］ボタンをクリックして、［ページ設定］ダイアログボックスに戻ります。

　⑤ 次に、［フッターの編集］ボタンをクリックし（図 8-17 ⑤）、［フッター］ダイアログボックスを表示します。［中央部］を選択して［ページ番号の挿入］ボタン ▣ をクリックします。

図 8-17

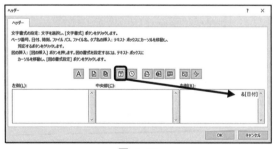

図 8-18

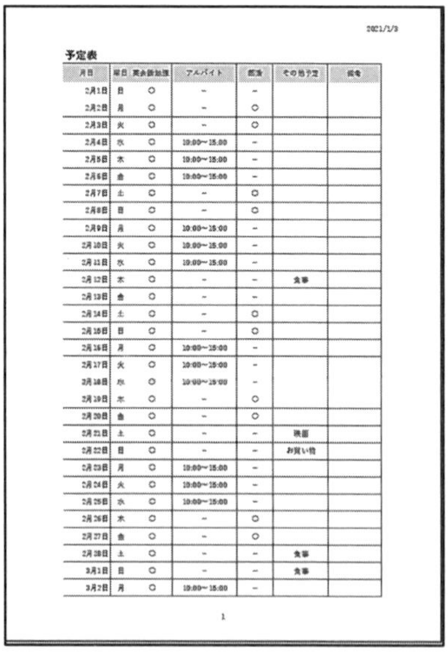

　⑥ 右下の［OK］ボタンをクリックして、［ページ設定］ダイアログボックスに戻ります。

　⑦ ［ページ設定］ダイアログボックスの右下にある［OK］ボタンをクリックします。印刷を確認すると図 8-19 のようにヘッダーとフッターに日付とページ番号が入ります。

図 8-19

Office Index

PowerPoint Index

Word Index

Excel Index

ま・や・ら・わ

著者紹介

小川 浩（おがわ ひろし）

一橋大学大学院経済学研究科博士課程．博士（経済学）．現在、神奈川大学経済学部准教授．
著書：『ロータス 1-2-3 テクニカルハンドブック』（共著）、『少子化の経済分析』（共著）、
『高齢者の働きかた』（共著）

担当項目：全体企画、はしがき

工藤 喜美枝（くどう きみえ）

武蔵大学経済学部卒業．神奈川大学経済学部非常勤講師を経て、現在、神奈川大学経済学
部特任教授．

著書：『逆引き PowerPoint 2007/2003』（共著）、『速効! ポケットマニュアル Excel 2010&2007
基本ワザ&便利ワザ』（単著）、『入門! Access2010』（単著）、『入門! Excel VBA クイック
リファレンス（改訂版）』（単著）、『Access 入門！作って覚える』（単著）など。

担当項目：Office、Word

五月女 仁子（そうとめ ひろこ）

早稲田大学大学院博士後期課程理工学研究科数学専攻単位取得退学．神奈川大学経済学部
特任准教授、特任教授、日本女子体育大学体育学部教授を経て、現在、帝京大学経済学部
教授．

著書：『秘伝の C』（単著）、『コンピュータの教科書』（単著）

担当項目：Excel

中谷 勇介（なかたに ゆうすけ）

一橋大学大学院経済学研究科博士課程満期退学．神奈川大学経済学部特任講師、特任助教
を経て、現在、西武文理大学サービス経営学部准教授．

担当項目：PowerPoint

2021 年 4 月 20 日　　　　　　　　　　　　　　　　　　初 版　第 1 刷発行

読み書きプレゼン ― よくわかる Office2019・Microsoft365 ―

著　者　小川 浩／工藤 喜美枝／五月女 仁子／中谷 勇介　©2021
発行者　橋本 豪夫
発行所　ムイスリ出版株式会社

〒169-0073
東京都新宿区百人町 1-12-18
Tel.03-3362-9241(代表)　Fax.03-3362-9145
振替 00110-2-102907

ISBN978-4-89641-301-4　C3055